全国高等职业教育"十三五"规划教材
休闲农业系列教材

休闲农业园区植物配植

XIUXIAN NONGYE YUANQU
ZHIWU PEIZHI

许建民　主编

中国农业出版社
北　京

内容简介

本教材分为七章,首先从宏观角度阐述了休闲农业园区植物的种类与分类及环境条件对休闲农业园区植物的影响,然后分别以果树、蔬菜、花卉、观赏树木和观赏草为单元,介绍了休闲农业园区常见植物的种类、生物学特性和配植要求。

本教材适合高职高专院校及相关培训机构的休闲农业、生态农业技术、现代农业技术等专业及相关专业教学使用。

休闲农业系列教材编审委员会

主　任　曾衍德（农业农村部乡村产业发展司）

副主任　潘利兵（农业农村部乡村产业发展司）

　　　　　刁新育（农业农村部乡村产业发展司）

　　　　　詹慧龙（农业农村部农村社会事业发展中心）

　　　　　李耀辉（中国农业出版社）

　　　　　王福海（中国都市农业职教集团）

委　员（以姓氏笔画为序）

　　　　　史明清（湖南生物机电职业技术学院）

　　　　　史佳林（天津休闲农业协会）

　　　　　刘　源（河南农业职业学院）

　　　　　巫建华（江苏农林职业技术学院）

　　　　　李振陆（苏州农业职业技术学院）

　　　　　何正东（江苏农牧科技职业学院）

　　　　　张立华（辽宁职业学院）

　　　　　张舜尧（乡土精卫农业开发有限公司）

　　　　　武旭峰（中国农业出版社）

　　　　　赵英杰（农业农村部乡村产业发展司）

　　　　　徐　峰（徐州生物工程职业技术学院）

　　　　　黄文斌（海南省休闲农业协会）

　　　　　曹　宇（农业农村部乡村产业发展司）

　　　　　曹端荣（江西生物科技职业学院）

　　　　　程　琳（四川休闲农业协会）

　　　　　颜景辰（中国农业出版社）

　　　　　魏　华（上海农林职业技术学院）

编写人员

主　编　许建民
副主编　张光琴　苏晓敬
编　者（以姓氏笔画为序）
　　　　　王梦雨（江苏农牧科技职业学院）
　　　　　许建民（江苏农林职业技术学院）
　　　　　苏晓敬（北京农业职业学院）
　　　　　张光琴（徐州生物工程职业技术学院）
　　　　　周　霞（江苏农牧科技职业学院）

序

实施乡村振兴战略,是党的十九大做出的重大决策,是新时代"三农"工作的总抓手。实现乡村振兴,基础在产业振兴。习近平总书记强调,产业兴旺是解决农村一切问题的前提,要推动乡村产业振兴,构建乡村产业体系,实现产业兴旺。休闲农业促进了农业文化旅游"三位一体"、生产生态生活同步改善、一产二产三产深度融合,已成为农民就近就业增收的重要渠道和促进城乡融合发展的桥梁纽带,对于实现乡村振兴和全面小康有着十分重要的意义。

近年来,我国休闲农业有了长足的发展,产业规模迅速扩大,发展主体类型多元,产业布局不断优化,发展机制持续创新。2017 年我国休闲农业和乡村旅游接待人次已达 28 亿,营业收入超 7 400 亿元,从业人员达到 1 100 万人,带动 750 万户农民受益。从实践看,休闲农业依托农村资源,开发服务城乡居民的市场产品,一端连着田间地头,一端连着消费市场,不断吸引城乡各类要素资源向乡村汇聚。在农业供给侧,发掘了乡村的新功能新价值,把绿水青山转化为金山银山,让农业农村不仅可以为全国人民"搞饭",也可以为城市人"搞绿",为农村人"搞钱";不但生产农产品,也生产生态产品、体验产品和文旅产品等,促进"农业+"文化、教育、旅游、康养等产业,催生创意农业、教育农园、消费体验、民宿服务、康养农业等新产业新业态,为农业农村重塑产业形态,实现乡村产业变革。在需求侧,实现了消费主体的集聚,通过试吃体验、科普讲解等方式,发挥网站、公众号和电商的展示、互动、体验功能,帮助消费者获取对称的信息,让农业农村资源充分发挥价值。

休闲农业以其新颖的产业形态和有效的运行方式，日益展现出产业融合、资源整合和功能聚合的独特作用和迷人魅力，成为农民参与度高、受益面广的乡村产业，有力推动着乡村全面振兴。休闲农业能有效延伸农业的产业链、拓展功能链、提升价值链、构建利益链，是推动乡村产业振兴的有效抓手；将智创、文创、农创和现代科技、方式、理念引入乡村，吸引外部人才下乡进村创业、稳定本乡人才就地就近就业、激发各类人才努力进取兴业，是推动乡村人才振兴的重要平台；能深入挖掘沉睡的乡村资源，赋予其新的社会和经济价值，是推动乡村文化振兴的重要舞台；能促进绿色生产方式、健康生活方式和科学消费方式在乡村的推广，是推动乡村生态振兴的重要途径；能激励乡村产业体系、经营方式、经济关系的重塑，从而促进乡村治理体系和治理能力的重塑，是推动乡村组织振兴的重要推手。

为顺应休闲农业快速发展和持续创新的需要，回应各界人士对加强休闲农业理论研究和教学实践的关注，解决休闲农业专业学历教育与从业人员培训教材匮乏的问题，农业农村部乡村产业发展司和中国农业出版社组织全国十多所院校、部分省市休闲农业协会等单位编写的这套休闲农业系列教材，就休闲农业专业对接新型产业、人才培养进行了探索。这套教材结合国家现有相关政策，进一步明确了休闲农业专业与其他学科、专业的区别，既系统阐述了休闲农业专业的基础理论，又紧扣现代农庄、共享农庄、民宿等发展实践需求，有理论、有案例，对休闲农业专业人才与从业人员学习、培训有很好的参考价值。

当然，由于休闲农业是一种新兴产业，其理论研究需要不断探索和创新，这套教材也需要在今后休闲农业产业发展实践中逐步完善。

农业农村部乡村产业发展司司长

前言

十九大报告指出,实施乡村振兴战略,要按照产业兴旺、生态宜居、乡风文明、治理有效、生活富裕的总要求,建立健全城乡融合发展体制机制和政策体系,加快推进农业农村现代化。休闲农业和乡村旅游作为近年来快速崛起的新产业、新业态,在实现产业兴旺中扮演重要角色,在实现生态宜居上发挥重要作用。

休闲农业园区植物配植,就是利用生态学原理、园艺植物生长特性和人工环境调控技术合理配植植物,满足现代农业生产、农民生活和乡村生态功能需求,为人们带来美的享受,留住乡愁乡情。

本教材分为七章,首先从宏观角度阐述了休闲农业园区植物的种类与分类,环境条件对休闲农业园区植物的影响,然后分别以果树、蔬菜、花卉、观赏树木和观赏草为单元,介绍了休闲农业园区常见植物的种类、生物学特性和配植要求。内容涉及园林植物、园艺植物等诸多内容,受编者水平和休闲农业日新月异的发展速度影响,本教材不能穷尽所有的植物类型,仅介绍了常见的植物,希望能起到抛砖引玉的作用,进而促进休闲农业的发展。

本教材由许建民任主编,张光琴、苏晓敬任副主编,周霞和王梦雨参编。具体分工为:江苏农林职业技术学院许建民编写第一章和第三章,北京农业职业学院苏晓敬编写第二章,徐州生物工程职业技术学院张光琴编写第四章和第五章,江苏农牧科技职业技术学院周霞编写第六章,江苏农牧科技职业技术学院王梦雨编写第七章,全书由许建民负责统稿。本教材在编写过程中得到了各位编者所在单位的大力支持,以及江苏高校品牌专业建设工程资助项目(PPZY2015B173)的资助,在此一并表示感谢。

在编写过程中,编者参考了国内外有关著作、论文、互联网资料,在此谨向有关作者深表谢意。由于教材涉及专业多、编写任务紧,也受编者水平限制,教材难免有不妥之处,敬请使用本教材的教师、学生和相关专业人士提出宝贵建议,以便修订改正。

编 者
2018 年 1 月

目录

序
前言

第一章　休闲农业园区植物的种类与分类 / 1

第一节　植物学分类 / 1
一、孢子植物 / 2
二、种子植物 / 2

第二节　园艺植物栽培学分类 / 6
一、果树植物的栽培学分类 / 6
二、蔬菜植物的栽培学分类 / 7
三、观赏植物的栽培学分类 / 8

第三节　园艺植物生态学分类 / 8
一、果树植物的生态学分类 / 8
二、蔬菜植物的生态学分类 / 9
三、观赏植物的生态学分类 / 9

第二章　环境条件对园艺植物的影响 / 12

第一节　温度对园艺植物的影响 / 13
一、有效积温 / 13
二、绝对温度 / 13
三、温周期现象和春化作用 / 15
四、高温与低温 / 16

第二节　水分对园艺植物的影响 / 18
一、园艺植物对水分的生态反应 / 18
二、水分对园艺植物生长发育的影响 / 19
三、影响水分吸收与散失的因素 / 20
四、干旱和水涝对园艺植物的不利影响 / 21

第三节　光照对园艺植物的影响 / 21

　　一、光质 / 22

　　二、需光度 / 23

　　三、光照度 / 23

　　四、光周期 / 26

第四节　土壤对园艺植物的影响 / 28

　　一、土壤质地 / 28

　　二、土壤理化性状 / 29

　　三、土壤状态 / 30

第五节　其他环境条件对园艺植物的影响 / 31

　　一、地势 / 31

　　二、风 / 32

　　三、环境污染 / 32

　　四、生物 / 35

第三章　果树配植技术 / 37

第一节　常见果树介绍 / 37

　　一、苹果 / 37

　　二、桃 / 39

　　三、葡萄 / 41

　　四、猕猴桃 / 42

　　五、柿 / 44

　　六、柑橘 / 45

　　七、香蕉 / 46

　　八、火龙果 / 48

第二节　果树的选择及配植 / 49

　　一、果树的选择 / 49

　　二、果树的栽植 / 50

　　三、果树的整形修剪 / 51

第四章　蔬菜配植技术 / 54

第一节　常见蔬菜介绍 / 54

　　一、番茄 / 54

　　二、辣椒 / 56

　　三、黄瓜 / 56

　　四、西瓜 / 58

　　五、大白菜 / 59

　　六、萝卜 / 61

　　七、韭菜 / 62

　　八、芹菜 / 63

　　九、芦笋 / 65

　　十、马铃薯 / 66

十一、黄秋葵 / 67
　第二节　蔬菜配植技术 / 68
　　一、蔬菜栽培季节 / 68
　　二、蔬菜栽培制度 / 69
　　三、蔬菜茬口安排 / 71

第五章　花卉配植技术 / 73

　第一节　常见花卉介绍 / 73
　　一、一二年生花卉 / 73
　　二、宿根花卉 / 75
　　三、球根花卉 / 76
　　四、木本花卉 / 78
　第二节　花卉的花期控制原理与技术 / 79
　　一、花期控制的历史与现状 / 80
　　二、影响植物成花的内在因素 / 80
　　三、影响植物开花的环境因素 / 82
　　四、花期控制中的植株选择 / 84
　　五、花期控制的技术要点 / 85

第六章　观赏树木配植技术 / 88

　第一节　观赏树木分类 / 88
　　一、按树木的特性分类 / 88
　　二、按树木的实用价值分类 / 89
　第二节　乔木的主要配植形式 / 90
　　一、孤植 / 90
　　二、对植 / 91
　　三、列植 / 91
　　四、丛植 / 92
　　五、群植 / 94
　　六、林植 / 95
　第三节　灌木的主要配植形式 / 96
　　一、绿墙 / 96
　　二、高绿篱 / 96
　　三、中绿篱 / 97
　　四、矮绿篱 / 97
　第四节　攀缘植物的主要配植形式 / 97
　　一、攀缘植物 / 97
　　二、附壁式 / 98
　　三、棚架式 / 98
　　四、绿廊式 / 99
　　五、篱垣式 / 99
　　六、柱式 / 100

第七章　观赏草配植技术 / 101

第一节　观赏草概述 / 101
一、观赏草的定义 / 102
二、观赏草的价值 / 102
三、观赏草的分类 / 103
四、观赏草繁殖育苗 / 106

第二节　常见观赏草介绍 / 107
一、禾本科芨芨草属 / 107
二、禾本科燕麦草属 / 107
三、禾本科须芝草属 / 108
四、禾本科芦竹属 / 108
五、禾本科格兰马草属 / 108
六、禾本科拂子茅属 / 109
七、禾本科细柄草属 / 109
八、禾本科北美穗草属 / 109
九、禾本科蒲苇属 / 110
十、禾本科香茅属 / 110
十一、禾本科发草属 / 110
十二、禾本科画眉草属 / 111
十三、禾本科羊茅属 / 111
十四、禾本科兔尾草属 / 112
十五、禾本科芒属 / 112
十六、禾本科黍属 / 113
十七、禾本科乱子草属 / 114
十八、禾本科狼尾草属 / 114
十九、禾本科䅟草属 / 116
二十、禾本科芦苇属 / 116
二十一、禾本科糖蜜草属 / 116
二十二、禾本科狗尾草属 / 117
二十三、禾本科大油芒属 / 117
二十四、禾本科针茅属 / 117

第三节　观赏草配植技术 / 118
一、观赏草的主要种植形式 / 118
二、观赏草与其他植物配植 / 119
三、观赏草在滨水景观中的应用 / 120

参考文献 / 122

CHAPTER1 第一章
休闲农业园区植物的种类与分类

> **教学目标**
> 1. 了解休闲农业园区植物常见的分类方法。
> 2. 学会休闲农业园区植物的栽培学分类方法。
> 3. 掌握休闲农业园区植物的生态学分类方法。

休闲农业园区的植物类型主要以园艺植物为主,因此本教材中涉及的植物也均以园艺植物为主。园艺植物资源丰富,种类繁多。据统计,目前全球果树约有60科、2 800种,比较重要的约300种,栽培较普遍的约70种;蔬菜50~60科、860多种,普遍栽培的有50多种;观赏植物种类更多,全球50万种植物中,有1/6具有观赏价值,栽培种也有3 000种以上。形态各异、用途不同的各种园艺植物,无论是识别和研究,还是生产和消费,都需要对其进行归纳和分类。学习休闲农业园区植物配植,应了解和熟悉园艺植物的分类方法。

第一节 植物学分类

植物学分类就是依据植物的形态特征,按照界、门、纲、目、科、属、种的分类体系,确定分类等级。植物分类体系,反映了植物间的亲缘关系和由低级到高级的系统演化关系。种是植物学分类的基本单位,是具有一定自然分布区和一定生理、形态特征的生物类群。同种的不同个体具有相同的遗传性,彼此间杂交可产生正常的后代。种与种间有明显的界线,除形态特征的差异外,还存在着"生殖隔离"现象,即异种之间杂交不能产生后代,即使产生后代,亦不具有正常的生殖能力,这保证了物种的稳定性,使种与种可以区别。在种以下还可以分亚种和变种。

全球植物有50多万种,其中高等植物有30万种以上,归属300多个科,其中大多数科有园艺植物。本节介绍一些较重要的果树、蔬菜和观赏植物的植物学分类。按照植物学分类,园艺植物都属于植物界,有真菌门、地衣门、裸子植物门、被子植物门等。

一、孢子植物

（一）真菌门

木耳科：如食用菌类蔬菜木耳等。

银耳科：如食用菌类蔬菜银耳等。

蘑菇科：如食用菌类蔬菜蘑菇、双孢蘑菇、大肥蘑菇等。

口蘑科：如食用菌类蔬菜香菇、平菇、金针菇等。

光柄菇科：如食用菌类蔬菜草菇等。

粪锈伞科：如食用菌类蔬菜茶树菇等。

齿菌科：如食用菌类蔬菜猴头菌等。

红菇科：如食用菌类蔬菜大红菇等。

侧耳科：如食用菌类蔬菜白灵菇、杏鲍菇等。

鬼伞科：如食用菌类蔬菜鸡腿蘑等。

鬼笔科：如食用菌类蔬菜竹荪等。

（二）苔藓植物门

苔藓植物有可作园艺利用的葫芦藓科的葫芦藓、地钱科的地钱、泥炭藓科的泥炭藓等。

（三）藻类植物

藻类植物有藻类蔬菜红藻门红毛菜科的紫菜、石花菜科的石花菜，褐藻门海带科的海带，蓝藻门念珠藻科的普通念珠藻（地软）等。

（四）地衣门

地衣植物有作药用和茶用的松萝科的松萝、石蕊科的石蕊，作菜用的石耳科的石耳、梅衣科的冰岛衣等。

（五）蕨类植物门

卷柏科：如观赏植物卷柏、翠云草等。

莲座蕨科：如观赏植物观音莲座蕨等。

蚌壳蕨科：如观赏植物金毛狗蕨等。

桫椤科：如观赏植物桫椤、白桫椤等。

铁线蕨科：如观赏植物铁钱蕨、尾状铁线蕨、楔状铁线蕨、团叶铁线蕨等。

铁角蕨科：如观赏植物铁角蕨、巢蕨等。

肾蕨科：如观赏植物肾蕨、长叶肾蕨等。

槲蕨科：如观赏植物崖姜蕨等。

鹿角蕨科：如观赏植物蝙蝠蕨、三角鹿角蕨等。

二、种子植物

（一）裸子植物门

苏铁科：如观赏植物苏铁等。

银杏科：如观赏、果树植物银杏等。

松科：如观赏植物雪松、油松、华山松、冷杉、铁杉、云杉等。

杉科：如观赏植物水杉、柳杉等。

柏科：如观赏植物侧柏、圆柏、刺柏等。

红豆杉科：如观赏植物紫杉、红豆杉等，果树植物香榧等。

（二）被子植物门

1. 双子叶植物纲

杨柳科：如观赏植物旱柳、垂柳、杨树等。

杨梅科：如果树植物杨梅、矮杨梅、细叶杨梅等。

胡桃科：如果树植物核桃、核桃楸、铁核桃、山核桃、长山核桃等，观赏植物枫杨等。

桦木科：如果树植物榛子、欧洲榛、华榛等，观赏植物白桦等。

壳斗科：如果树植物板栗、茅栗、锥栗、日本栗等。

桑科：如果树植物无花果、木菠萝（菠萝蜜）、面包果、果桑等；观赏植物橡皮树、菩提树、柘树等。

山龙眼科：如果树植物澳洲坚果、粗壳澳洲坚果等。

蓼科：如蔬菜植物荞麦、酸模、食用大黄等。

藜科：如蔬菜植物菠菜、碱蓬等，蔬菜和观赏植物地肤（扫帚菜）、甜菜、红菜头等。

苋科：如观赏植物鸡冠花、青葙、千日红、锦绣苋、三色苋，蔬菜植物苋菜、千穗谷等。

番杏科：如观赏植物生石花、佛手掌、松叶冰花等，蔬菜植物番杏等。

石竹科：如观赏植物香石竹（康乃馨）、高雪轮、大蔓樱草、五彩石竹、霞草等。

睡莲科：如观赏植物荷花、睡莲、王莲、萍蓬莲、芡等，蔬菜植物莲、莼菜、芡实等。

毛茛科：如观赏植物牡丹、芍药、飞燕草、白头翁、铁线莲、转子莲、唐松草、花毛茛等。

木通科：如果树植物木通、三叶木通等。

小檗科：如观赏植物小檗、十大功劳、南天竹等。

木兰科：如观赏植物玉兰（白玉兰）、天女花、含笑花、白兰、黄玉兰、鹅掌楸等。

蜡梅科：如观赏植物蜡梅等。

番荔枝科：如果树植物番荔枝、毛叶番荔枝、异叶番荔枝、刺番荔枝等。

樟科：如果树植物油梨等，观赏植物樟树、楠木、月桂等。

罂粟科：如观赏植物虞美人、花菱草等。

十字花科：如蔬菜植物萝卜、结球甘蓝、花椰菜、青花菜、球茎甘蓝、抱子甘蓝、羽衣甘蓝、大白菜、芥菜（雪里蕻、榨菜、大头菜）、芜菁、油菜、瓢儿菜、荠菜、辣根等，观赏植物紫罗兰、羽衣甘蓝、香雪球、桂竹香、诸葛菜等。

景天科：如观赏植物燕子掌、燕子海棠、伽蓝菜、落地生根、瓦松、垂盆草、红景天、景天、树莲花、荷花掌、翠花掌、青锁龙、玉米石、松鼠尾等。

虎耳草科：如观赏植物山梅花、太平花、虎耳草、溲疏、八仙花、岩白菜等，果树植物穗醋栗（茶藨子）、醋栗等。

金缕梅科：如观赏植物枫香、金缕梅、蜡瓣花等。

蔷薇科：如果树植物苹果、梨、李、桃、扁桃、杏、山楂、樱桃、草莓、枇杷、木瓜、沙果、树莓、悬钩子等，观赏植物月季花、西府海棠、贴梗海棠、垂丝海棠、日本樱花、梅、玫瑰、珍珠梅、榆叶梅、棣棠花、木香花、多花蔷薇、碧桃、紫叶李、李叶绣线菊等。

豆科：如蔬菜植物菜豆、豇豆、大豆、绿豆、蚕豆、豌豆、苜蓿菜等，观赏植物合欢、紫荆、香豌豆、含羞草、龙牙花、白车轴草、国槐、龙爪槐、凤凰木、紫藤等，果树植物角豆树、酸豆（罗望子）等。

酢浆草科：如果树植物杨桃、多叶酸杨桃等。

芸香科：如果树植物柑、橘、橙、柚、葡萄柚、柠檬、金弹、黎檬、黄皮等，观赏植物金枣、金柑、香橼、枳、佛手等。

橄榄科：如果树植物橄榄、方榄、乌榄等。

楝科：如果树植物兰撒、山陀等，蔬菜植物香椿等。

大戟科：如观赏植物一品红、变叶木、龙凤木、重阳木等，果树植物余甘等。

漆树科：如果树植物杧果、腰果、阿月浑子、仁面、南酸枣、金酸枣、红酸枣等，观赏植物火炬树、黄栌、黄连木等。

无患子科：如果树植物荔枝、龙眼、赤才（山荔枝）、韶子等，观赏植物文冠果、风船葛、栾树等。

鼠李科：如果树植物枣、酸枣、毛叶枣、拐枣等。

葡萄科：如果树植物美洲葡萄、欧洲葡萄、山葡萄等，观赏植物地锦、青龙藤等。

杜英科：如果树植物狭叶杜英（冬桃）、锡兰橄榄等。

锦葵科：如观赏植物锦葵、蜀葵、木槿、朱槿（扶桑）、木芙蓉、吊灯花等，蔬菜植物黄秋葵、冬寒菜等，果树植物玫瑰茄等。

木棉科：如果树植物榴莲、猴面包、马拉巴栗等，观赏植物木棉等。

猕猴桃科：如果树植物中华猕猴桃、美味猕猴桃、毛花猕猴桃、花蕊猕猴桃等。

山茶科：如观赏植物木荷、山茶、茶梅和茶树等。

藤黄科：如观赏植物金丝桃、金丝梅等，果树植物山竹子等。

堇菜科：如观赏植物三色堇、香堇等。

西番莲科：如果树植物西番莲、大果西番莲等。

番木瓜科：如果树植物番木瓜等。

秋海棠科：如观赏植物四季秋海棠、球根秋海棠等。

仙人掌科：如观赏植物仙人掌、仙人球、仙人指、珊瑚树、仙人镜、蟹爪兰、昙花、令箭荷花、三棱箭、鹿角柱、仙人鞭、山影拳（仙人山）、玉翁、八卦掌等，蔬菜植物食用仙人掌等。

胡颓子科：如果树植物沙棘、沙枣、胡颓子等。

千屈菜科：如观赏植物千屈菜、紫薇等。

石榴科：如果树和观赏植物石榴等。

玉蕊科：如果树植物巴西坚果等。

菱科：如蔬菜植物乌菱、二角菱、四角菱、无角菱等。

桃金娘科：如果树植物番石榴、蒲桃、莲雾、桃金娘、费约果、红果子、树葡萄等。

柳叶菜科：如观赏植物送春花、月见草、倒挂金钟等。

伞形科：如蔬菜植物胡萝卜、茴香、芹菜、芫荽、莳萝等，观赏植物刺芹等。

山茱萸科：如果树植物四照花、毛梾木等。

杜鹃花科：如观赏植物杜鹃、吊钟花等，果树植物越橘、蔓越橘、笃斯越橘、乌饭树等。

报春花科：如观赏植物仙客来、胭脂花、藏报春、四季报春、报春花、多花报春、樱草等。

山榄科：如果树植物人心果、神秘果、星果、蛋果等。

柿树科：如果树植物柿、油柿、君迁子等。

木樨科：如观赏植物连翘、丁香、桂花、茉莉、素方花、探春、迎春花、女贞、金钟花、小蜡、水蜡树、雪柳、白蜡、流苏树等，果树植物油橄榄等。

夹竹桃科：如观赏植物夹竹桃、络石、黄蝉、鸡蛋花、盆架树等，果树植物假虎刺等。

旋花科：如观赏植物茑萝、大花牵牛、缠枝牡丹、月光花、田旋花等，蔬菜植物蕹菜（空心菜）、甘薯等。

马鞭草科：如观赏植物美女樱、宝塔花等。

唇形科：如观赏植物一串红、朱唇、彩叶草、洋薄荷、留兰香、一串蓝、罗勒、岩青蓝、百里香、随意草等，蔬菜植物紫苏、银苗、草石蚕、菜用鼠尾草等。

茄科：如蔬菜植物番茄、辣椒、茄子、马铃薯等，观赏植物碧冬茄、夜丁香、朝天椒、珊瑚樱、珊瑚豆、蛾蝶花等，果树植物灯笼果、树番茄等。

玄参科：如观赏植物金鱼草、蒲包花、猴面花、毛地黄等。

紫葳科：如观赏植物炮仗花、凌霄、蓝花楹、楸树等。

忍冬科：如观赏植物猬实、糯米条、金银花、香探春、木本绣球、天目琼花等。

葫芦科：如蔬菜植物黄瓜、南瓜、西葫芦、冬瓜、苦瓜、丝瓜、佛手瓜、蛇瓜、笋瓜、西瓜、甜瓜等，观赏植物栝楼、葫芦、金瓜等，果树植物油楂果等。

菊科：如观赏植物菊花、万寿菊、雏菊、翠菊、瓜叶菊、矢车菊、波斯菊、金盏菊、麦秆菊、花环菊、母菊、大丽花、百日草、熊耳草、狗娃花、向日葵、孔雀草等，蔬菜植物茼蒿、莴苣（莴笋）、菊芋（洋姜）、牛蒡、朝鲜蓟、苣荬菜、婆罗门参、甜菊、茵陈蒿、菊花脑等。

2. 单子叶植物纲

泽泻科：如蔬菜植物慈姑和观赏植物泽泻等。

禾本科：如观赏植物观赏竹类、早熟禾、梯牧草、狗尾草、羊茅、紫羊茅、结缕草、黑麦草、燕麦草、野牛草、芦苇、红顶草、匍匐剪股颖、绒毛剪股颖、假俭草、地毯草、冰草等，蔬菜植物茭白、竹笋、甜玉米等。

莎草科：如观赏植物羊胡子草、黑穗草、扁穗莎草、伞莎草、大伞莎草等，蔬菜植物荸荠等。

棕榈科：如观赏植物棕竹、蒲葵、棕榈、凤尾棕、散尾葵、鱼尾葵、王棕等，果树植物椰子、枣椰、蛇皮果、糖椰棕等。

天南星科：如观赏植物菖蒲、花烛、蓬莱蕉、马蹄莲、天南星、独角莲、广东万年青等，蔬菜植物芋（芋头）、魔芋等。

凤梨科：如果树植物凤梨（菠萝）等，观赏植物水塔花、羞凤梨等。

鸭跖草科：如观赏植物吊竹梅、白花紫露草等。

雨久花科：如观赏植物雨久花、凤眼莲、鸭舌草等。

百合科：如蔬菜植物石刁柏、金针菜（黄花菜）、韭菜、洋葱、葱、大蒜、南欧蒜、薤白、百合等，观赏植物文竹、萱草、玉簪、风信子、郁金香、万年青、朱蕉、百合、虎尾兰、丝兰、铃兰、吉祥草、吊兰、芦荟、火炬花、一叶兰、百子莲、凤尾兰等。

石蒜科：如观赏植物君子兰、晚香玉、水仙、朱顶红、韭菜莲、石蒜、雪钟花、蜘蛛兰等。

薯蓣科：如蔬菜植物山药、大薯等。

鸢尾科：如观赏植物小苍兰（香雪兰）、射干、唐菖蒲、鸢尾、蝴蝶花、番红花、观音兰等。

芭蕉科：如果树植物香蕉、芭蕉等，观赏植物鹤望兰等。

兰科：如观赏植物惠兰、春兰、白及、建兰、石斛、杓兰、虎头兰、牛齿兰、蝴蝶兰、卡特兰、墨兰、兜兰等。

第二节　园艺植物栽培学分类

以生物学特性和栽培技术的相似性为依据，对园艺植物进行分类的方法称栽培学分类，又称农业生物学分类。这种分类方法对休闲农业园区植物配植有一定指导意义，目前主要用于果树和蔬菜植物的分类。

一、果树植物的栽培学分类

1. 落叶果树　落叶果树叶片在秋冬季全部脱落，翌年春季重新萌芽和抽枝长叶。这类果树具有明显的生长期和休眠期，在我国多分布于北方。常见种类如下。

（1）仁果类。其果实是由花托和子房膨大形成的假果，果心有多粒种子（仁），食用部分为肉质的花托，如苹果、沙果、梨、山楂、木瓜等。

（2）核果类。其果实是由子房发育形成的真果，外果皮薄、中果皮肉质，是食用部分，内果皮木质化，成为坚硬的核，如桃、杏、李、樱桃、梅、枣等。

（3）坚果类。其果实是由子房发育形成的真果，果实或种子外部有坚硬的外壳，可食部分为种子的子叶或胚乳，如板栗、核桃、榛子、阿月浑子、扁桃、银杏等。

（4）浆果类。其果实柔软多汁，并含有多数小型种子。草本如草莓；藤本（蔓生）如葡萄、猕猴桃；灌木如树莓、醋栗、穗醋栗、无花果和石榴；乔木如果桑和柿等。

2. 常绿果树　常绿果树叶片一年四季常绿，春季新叶长出后老叶逐渐脱落，一年中无明显的休眠期，在我国多分布于南方。常见种类如下。

（1）柑果类。其果实由子房发育而成，外果皮含有色素和很多油胞，中果皮白色呈海绵状，内果皮形成囊瓣，内含许多柔软多汁的纺锤状小沙囊，是食用部分，如柑、橘、橙、柚、葡萄柚、柠檬、黎檬、金柑、黄皮等。

（2）浆果类。其果实多汁液，如杨桃、蒲桃、莲雾、番木瓜、番石榴、人心果、费约果等。

（3）荔枝类。其果实外有果壳，食用部分为白色的假种皮，如荔枝、龙眼、韶子等。

（4）核果类。核果类包括橄榄、油橄榄、杧果、仁面、杨梅、余甘、油梨、枣椰等。

（5）坚果类。坚果类包括腰果、椰子、槟榔、香榧、巴西坚果、澳洲坚果、山竹子（莽吉柿）、榴莲等。

（6）荚果类。荚果类包括苹婆、酸豆、豆角树、四棱豆等。

（7）聚复果类。其果实是由多果聚合或心皮合成的复果。如木菠萝、面包果、番荔枝、刺番荔枝等。

（8）草本类。这类果树具有草质的多年生茎，如香蕉、菠萝等。

（9）藤本（蔓生）类。这类果树的枝干称藤或蔓，树不能直立，依靠缠绕或攀缘在支持物上生长，如西番莲、南胡颓子等。

二、蔬菜植物的栽培学分类

1. 直根类 直根类包括萝卜、胡萝卜、大头菜、芜菁、芜菁甘蓝和美洲防风等。它们均用种子繁殖，以肥大的肉质直根为食用部分；多为二年生植物，第一年形成产品器官，第二年开花结实；生长期要求冷凉的气候和疏松而深厚的土壤。

2. 白菜、甘蓝类 白菜、甘蓝类包括大白菜、小白菜、叶用芥菜、结球甘蓝、球茎甘蓝、花椰菜、甘蓝、菜薹等。它们都是十字花科植物，用种子繁殖，柔嫩的叶丛、叶球或花茎为食用部分；多为二年生植物，第一年形成叶丛或叶球，第二年抽薹开花；生长期需要湿润及冷凉的气候。

3. 绿叶菜类 绿叶菜类如莴苣、芹菜、菠菜、茼蒿、苋菜、蕹菜、落葵、冬寒菜、芫荽、茴香等。它们生长迅速，幼嫩的叶片、叶柄及嫩茎为食用部分，生长期要求土壤水分及氮肥不断的供应。

4. 茄果类 茄果类包括番茄、茄子、辣椒等。食用果实，为一年生植物，需要肥沃的土壤及较高的温度，不耐寒冷。

5. 瓜类 瓜类包括黄瓜、南瓜、西葫芦、冬瓜、丝瓜、笋瓜、苦瓜、瓢瓜、西瓜、甜瓜、蛇瓜、佛手瓜等。它们为葫芦科草本植物，茎蔓生，雌雄异花同株，需要较高的温度和充足的阳光。

6. 豆类 豆类包括菜豆、豇豆、豌豆、蚕豆、扁豆、刀豆、菜用大豆等。大都食用嫩荚及新鲜籽粒，除豌豆及蚕豆要求冷凉气候外，其他都要求温暖的环境。

7. 葱蒜类 葱蒜类主要有洋葱、大葱、大蒜、韭菜、细香葱等。它们都是百合科二年生植物，具有辛辣味，性耐寒，用种子繁殖或营养繁殖。

8. 薯芋类 薯芋类如马铃薯、山药、芋、姜、甘薯、豆薯、草石蚕等。以块茎、块根为食用部分，产品富含淀粉，耐储藏，营养繁殖，喜温不耐寒，生长期较长。

9. 水生蔬菜 水生蔬菜主要有藕、茭白、慈姑、荸荠、菱及芡实等。它们栽培于池塘或沼泽地，在浅水中生长，除菱及芡实外，均用营养繁殖，生长期要求热的气候及肥沃的土壤。

10. 多年生蔬菜 多年生蔬菜如竹笋、金针菜、石刁柏、食用大黄、百合、香椿等。除竹笋外，其他植物地上部每年枯死，以地下根或茎越冬一次繁殖后，产品器官可连续采收多年。

11. 食用菌类 食用菌类包括蘑菇、香菇、平菇、草菇、木耳、银耳、猴头菌等，用孢子或菌丝繁殖。

12. 芽菜类 芽菜类有绿豆芽、黄豆芽、豌豆芽苗、荞麦芽、苜蓿芽、萝卜芽、香椿芽等，利用蔬菜种子或粮食作物种子发芽培养形成鲜嫩蔬菜。

13. 野生蔬菜 野生蔬菜种类很多，现在大量采集的有蕨菜、荠菜、发菜、木耳、蘑菇、茵陈蒿等。有些野生蔬菜已渐渐被栽培化，如苋菜、荠菜、地肤（扫帚菜）等。

三、观赏植物的栽培学分类

观赏植物的栽培学分类体系尚未形成，实际应用也不多。但是，按照栽培学分类原则，观赏植物可以分切花类：香石竹、菊花、月季花、唐菖蒲等；盆花类：菊花、一品红、非洲紫罗兰等；地栽类：雏菊、三色堇、石竹等。

第三节 园艺植物生态学分类

由于对某一特定的综合环境条件的长期适应，不同植物在形状、大小、分枝等方面都表现出相似的特征，把这些具有相似外貌特征的不同种植物，称为一个生活型。根据植物的生活型与生态习性进行的分类称为生态学分类，这种分类方法在观赏植物上应用最广泛，在果树和蔬菜植物上也有应用。

一、果树植物的生态学分类

根据果树生态适应性可分为寒带果树、温带果树、亚热带果树和热带果树四类。

（一）寒带果树
寒带果树能耐-40℃以下的低温，一般在高寒地区栽培，如山葡萄、秋子梨、榛子、醋栗、穗醋栗、树莓、越橘等。

（二）温带果树
温带果树多是落叶果树，休眠期需要一定的低温条件，适宜在温带栽培，如苹果、沙果、梨、桃、杏、李、枣、核桃、柿、樱桃、板栗、山楂、葡萄、木瓜等。

（三）亚热带果树
亚热带果树通常在冬季需要短时间的冷凉气候（10℃左右），又可分为以下两类。

（1）常绿性亚热带果树。常绿性亚热带果树有柑橘类、枇杷、荔枝、龙眼、杨梅、橄榄、油橄榄、苹婆、杨桃、西番莲、黄皮、油梨、连雾、佛手等。

（2）落叶性亚热带果树。落叶性亚热带果树有无花果、猕猴桃、扁桃和石榴等。另外，沙梨、中国樱桃、欧洲葡萄、核桃及桃、柿、枣、板栗等树种也可在亚热带地区栽培。

（四）热带果树
热带果树较耐高温高湿，是热带地区适宜栽培的常绿果树。一般热带果树还能在温暖的南亚热带栽培，而柑橘、荔枝、龙眼、橄榄等亚热带果树也可在热带地区栽培。

一般热带果树如香蕉、菠萝、木菠萝、杧果、番木瓜、人心果、番石榴、椰子、番荔枝、枣椰等。

纯热带果树如榴莲、山竹子、面包果、腰果、可可、槟榔、巴西坚果等。

二、蔬菜植物的生态学分类

(一) 温度适应性

按照植物生长发育对温度的要求和适应性，常将蔬菜分为以下四类。

(1) 耐寒蔬菜。耐寒蔬菜如菠菜、芹菜、大蒜、芫荽、小白菜等耐寒叶菜，韭菜、金针菜、金花菜、芦笋、辣根等多年生耐寒宿根蔬菜。

(2) 半耐寒蔬菜。半耐寒蔬菜如大白菜、甘蓝类、莴笋、萝卜、胡萝卜、豌豆、蚕豆、马铃薯等。

(3) 喜温蔬菜。喜温蔬菜如番茄、茄子、辣椒、黄瓜、西葫芦、菜豆等。

(4) 耐热蔬菜。耐热蔬菜如西瓜、甜瓜、南瓜、丝瓜、苦瓜、蛇瓜、瓠瓜、豇豆、番杏、苋菜等。

(二) 光照适应性

按照植物对光照度的要求，常将蔬菜分为要求强光照的蔬菜，如瓜类蔬菜、番茄、茄子等；要求中等强度光照的蔬菜，如白菜类、根菜类、葱蒜类等；要求弱光照的蔬菜，如绿叶菜类、生姜等。

按照植物生长发育对光周期的反应，可将蔬菜分为长日照蔬菜（在一天中日照时间逐渐加长的春季抽薹开花），如白菜、甘蓝、萝卜、胡萝卜、芹菜、菠菜、莴苣、蚕豆、豌豆、大葱、大蒜等；短日照蔬菜（在一天中日照时间逐渐变短的秋季抽薹开花），如大豆、豇豆、扁豆、茼蒿、苋菜、蕹菜等；中日照蔬菜（在较长和较短的日照条件下均能开花），如黄瓜、番茄、辣椒等。

(三) 湿度适应性

按照植物对空气湿度的要求，可将蔬菜分为耐干性蔬菜，如西瓜、南瓜、甜瓜等，适宜的空气相对湿度为45%～55%；半耐干性蔬菜，如辣椒、茄子、番茄、菜豆、豇豆等，适宜的空气相对湿度为55%～65%；半湿润性蔬菜，如黄瓜、西葫芦、萝卜、马铃薯、豌豆、蚕豆等，适宜的空气相对湿度为70%～80%；湿润性蔬菜，如白菜类、甘蓝类、绿叶菜类、水生菜类，适宜的空气相对湿度为85%～90%。

三、观赏植物的生态学分类

1. 草本观赏植物

(1) 一年生花卉。一年生花卉是指在一个生长季完成其生活史的花卉，即从播种到开花、结实直至枯死均在一个生长季内。一般春季播种，夏季为主要的生长期，秋季开花结实后死亡。它们往往在长日照下生长，短日照下开花，属短日照植物。这类花卉一般不耐寒，大多原产于热带或亚热带，不能忍受0℃以下低温，如凤仙花、鸡冠花、波斯菊、百日草、半支莲、麦秆菊、万寿菊、翠菊、一串红、矮牵牛、送春花、千日红、秋葵、蒲包花等。

(2) 二年生花卉。二年生花卉是指在两个生长季内完成其生活史的花卉，一般在秋季播种，冬季生长，翌年春夏开花，盛夏死亡。它们在秋冬季的短日照下生长，春夏季长日照下开花，属长日照植物。这类花卉一般原产于温带，可耐0℃以下低温，但不耐炎热，属耐寒花卉，如金鱼草、雏菊、三色堇、紫罗兰、须苞石竹、美女樱、桂竹香、羽衣甘蓝、虞美人、福禄考、月见草、瓜叶菊、彩叶草、矢车菊、花葵、锦葵、风铃草、蛾蝶花等。

（3）宿根花卉。宿根花卉为多年生花卉，又分落叶宿根花卉和常绿宿根花卉。落叶宿根花卉耐寒性强，冬季地上部枯死，根系和地下茎宿存，翌年春暖后又重新萌发、生长、开花、结实，如菊花、芍药、蜀葵、耧斗菜、荷包牡丹、玉簪、红秋葵等；常绿宿根花卉冬季地上部不枯死，多在温室栽培，如万年青、君子兰、非洲菊、鹤望兰、虎尾兰、吊兰、一叶兰、四季秋海棠、百子莲、沿阶草、吉祥草、水塔花、吊竹梅等。

（4）球根花卉。球根花卉是地下部具有肥大的变态茎或变态根的多年生花卉。根据变态茎或变态根的形态结构可将其分为球茎、鳞茎、块茎、根茎和块根五类。球茎类花卉有唐菖蒲、番红花、小苍兰、观音兰、秋水仙、三色裂缘莲、狮狒花等；鳞茎类花卉有水仙、郁金香、百合、风信子、朱顶红、鸟乳花、虎耳兰、蜘蛛兰、石蒜、雪滴花、虎皮花、绵枣儿等；块茎类花卉有仙客来、大岩桐、球根秋海棠、马蹄莲、花叶芋等；根茎类花卉有美人蕉、铃兰、射干等；块根类花卉有大丽花、花毛茛、银莲花等。

（5）兰科花卉。兰科花卉按生态习性又可分为地生兰、附生兰和腐生兰三类。地生兰类有春兰、蕙兰、台兰、建兰、墨兰、寒兰等；附生兰类有石斛、兜兰、卡特兰、棒叶万带兰等；腐生兰不含叶绿素，营腐生生活，常有块茎或粗短的根茎，叶退化为鳞片状。

（6）水生花卉。水生花卉在水中或沼泽地生长。荷花、千屈菜、香蒲、泽泻、鸭舌草、雨久花、慈姑、菖蒲等为挺水植物；睡莲、芡、萍蓬莲、莼菜等为浮水植物；凤眼莲、莕菜、浮萍、王莲等为漂浮植物；苦草、金鱼藻为沉水植物。

（7）蕨类植物。蕨类植物为高等植物中比较低级而又不开花的一个类群，是观叶植物，种类很多，如铁线蕨、肾蕨、长叶蜈蚣草、蝙蝠蕨、观音莲座蕨、巢蕨、树蕨、金毛狗蕨、卷柏、翠云草等。

2. 木本观赏植物

（1）落叶木本观赏植物。落叶木本观赏植物如月季、牡丹、玫瑰、樱花、紫叶李、碧桃、山杏、石榴、银杏、贴梗海棠、杜鹃、紫薇、紫荆、八仙花、金缕梅、珍珠梅、榆叶梅、蜡梅、丁香、木槿、木棉、地锦、木兰、夹竹桃、合欢、柳树、迎春、凤凰木、重阳木、火炬树、七叶树、五角枫、栾树等。

（2）常绿木本观赏植物。常绿木本观赏植物如苏铁、山茶、扶桑、朱蕉、蓬莱蕉、橡皮树、常春藤、虾衣花、白兰花、三角花、女贞、变叶木、黄杨、桂花、金丝梅、茉莉、素方花、络石、炮仗花、蒲葵、棕榈、雪松、侧柏、云杉、罗汉松等。

（3）竹类植物。如毛竹、桂竹、刚竹、早园竹、罗汉竹、紫竹、黄槽竹、方竹、佛肚竹、孝顺竹、黄金间碧竹、慈竹、苦竹等。

3. 仙人掌类及多浆类植物

多浆植物多数原产于热带、亚热带干旱地区或森林中，植物的茎、叶具有发达的储水组织，是呈现肥厚而多浆的变态状植物，通常包括仙人掌科以及景天科、番杏科、大戟科、萝藦科、菊科、百合科等植物。为栽培管理及分类方便，常将仙人掌科植物单列一类，而将除仙人掌科外其他科的多浆植物称为多浆类植物或多肉植物。

（1）仙人掌类植物。仙人掌类植物如仙人掌、仙人球、金琥、令箭荷花、山影拳、蟹爪、仙人指、昙花、三棱箭、叶仙人掌等。

（2）多浆类植物。多浆类植物如芦荟、龙舌兰、生石花、佛手掌、松叶冰花、绿铃、弦月、泥鳅掌、鲨鱼掌、青锁龙、玉海棠、玉米石、龙凤木、松鼠尾等。

4. 草坪植物与地被植物

（1）草坪植物。草坪植物（草坪草）主要是指园区中能覆盖地面的低矮禾草类植物，用它可形成较大面积的平整或稍有起伏的草坪，将园区除广场、道路之外的地面全部覆盖。草坪植物大多是禾本科和莎草科植物，属地被植物的一部分，但通常单列一类。按地区适应性将我国原产和由国外引进的草坪草分为两类。

适宜温暖地区（长江流域及其以南地区）的种类如结缕草、沟叶结缕草、细叶结缕草、中华结缕草、大穗结缕草、狗牙根、双穗雀麦、地毯草、近缘地毯草、假俭草、野牛草、竹节草、锥穗钝叶草、多花黑麦草、宿根黑麦草、鸭茅、早熟禾等。

适宜寒冷地区（华北、东北、西北）的种类如红顶草、绒毛翦股颖、细弱翦股颖、匍匐翦股颖、草原看麦娘（狐尾草）、早熟禾、细叶早熟禾、牧场早熟禾、普通早熟禾、林中早熟禾、加拿大早熟禾、泽地早熟禾、异穗苔、细叶苔、羊胡子草、紫羊茅、羊茅、硬羊茅、苇状羊茅、梯牧草（猫尾草）、无芒雀麦草、锥穗鹅冠草（冰草）、白车轴草（白三叶）（应用示例扫码观看视频）、苜蓿、羊草、赖草、偃麦草、狼针草、中华草沙蚕等。

白车轴草应用

（2）地被植物。地被植物是指覆盖在裸露地面的低矮植物群体。它们的特点是繁殖栽培容易，养护管理粗放，适应能力较强；植物体形成的枝叶层与地面紧密相接，像被子一样覆盖在地表，对地面起良好的保护和装饰作用。

按生活型分类，蕨类地被植物有铁线蕨、凤尾蕨、贯众等；草本地被植物中，一二年生地被植物有紫茉莉、诸葛菜、鸡眼草等，多年生地被植物有白车轴草（白三叶）、多变小冠花、紫花苜蓿、直立黄芪、百脉根、蛇莓、吉祥草、石菖蒲、铃兰、鸢尾、玉簪、石竹、萱草、石蒜、蝴蝶花、白及、虎耳草、珍珠菜等；木本地被植物中，矮生灌木类有铺地柏、鹿角柏、爬行卫矛、紫穗槐、连翘、蓝雪花、阔叶十大功劳、紫金牛、百里香等，攀缘藤本类有地锦、紫藤、凌霄、蔓性蔷薇、葛藤、金银花等，矮竹类有蒲白竹、倭竹、箬竹等。

【思考题】

1. 园艺植物分类有何意义？
2. 常用的园艺植物分类方法有哪些？
3. 园艺植物分类的依据是什么？按什么体系进行分类？
4. 什么分类方法可以反映不同种类园艺植物间的亲缘关系？
5. 什么分类方法可以反映不同种类园艺植物在环境要求上的相似性？
6. 什么分类方法可以反映不同种类园艺植物在栽培技术上的相似性？

CHAPTER2 第二章
环境条件对园艺植物的影响

教学目标

1. 了解对园艺植物生长发育起作用的主要生态因子。
2. 掌握生态因子对园艺植物生长发育的影响。
3. 运用各类生态因子合理配植园艺植物。

园艺植物的环境条件是指其生存地点周围空间的一切因素的总和。就单株园艺植物而言，它们相互之间也互为环境。园艺植物的生长发育和产品器官的形成，都要在一定的环境条件下才能进行。每种园艺植物在长期的系统发育过程中，适应了这些条件，因此在个体发育中也要求这些条件。在环境与园艺植物之间，环境起主导作用。环境因子中对园艺植物起作用的称为生态因子，包括：

（1）气候因子。温度、水分、光照、空气、雷电、风、雨和霜雪等。

（2）土壤因子。土壤质地、温度、水分、通气性和pH等。

（3）生物因子。动物、植物、微生物等，从广义来说人类也包括在内。

（4）地形因子。地形类型（山地、平原、洼地）、坡度、坡向和海拔等。

以上这些因子综合构成了园艺植物生长的生存环境，其中有些是园艺植物生存不可或缺的必要条件，如光照、温度（热量）、空气、水分、土壤等，是直接影响园艺植物生长的生态因子，其他如地形、风、人类等是间接影响园艺植物生长的生态因子。

综合来看，休闲农业园区是一个动态平衡的人工生态系统。园艺植物和生态环境是一个相互紧密联系的辩证统一体，所有的生态因子综合起来影响园艺植物的生长发育。根据社会经济条件模拟自然，创造合理的生态条件，在保持生态平衡的前提下，不断提高园艺产品的产量、品质和经济效益是园艺植物栽培的主要目标。园艺植物的种类繁多，而且由于各自的原产地不同，其对环境条件的要求也极不相同。因此，只有仔细研究和切实掌握环境条件对园艺植物生长发育的影响，才能达到上述目标。

第一节 温度对园艺植物的影响

温度是影响植物生存的主要生态因子之一，温度对园艺植物的生长发育以及其他生理活动有明显的影响。园艺植物由于长期生活在温度的某种周期性变化之中，形成了对周期性温度变化的适应性：如果某个植物种可以在某一地区生长和延续，那么它必然能适应该地区气候条件的周期性变化，否则会由于不能适应该地区的气候条件而绝迹。因此，温度影响着园艺植物的地理分布，其中主要是年平均温度。

一、有效积温

植物在达到一定的温度总量时才能完成其生活周期，通常把高于一定温度的日平均温度总和称为积温。对园艺植物来说，在综合外界条件下能使园艺植物萌芽的日平均温度为生物学零度，即生物学有效温度的起点。一般来说，原产于热带地区的植物生物学有效温度的起点较高，如仙人掌类植物为15~18℃；而原产于寒带的植物生物学有效温度的起点较低，如雪莲为4℃；原产于温带的植物生物学有效温度的起点则介于上述二者之间。一般落叶果树的生物学有效温度的起点，平均温度多为6~10℃，常绿果树为10~15℃。

生长季是指不同地区能保证生物学有效温度的时期，其长短决定于所在地全年内有效温度的天数。生长季中生物学有效温度的累积值为生物学有效积温（简称有效积温）。各种园艺植物在生长期内，从萌芽到开花、果实成熟要求有一定的有效积温。

各种园艺植物在生长期内对温度、热量的要求不同，这与植物的原产地温度条件有关。一般原产于北方的植物需要凉爽的夏季，发芽和发根都要求较低的温度、较短的温暖期；而原产于热带、亚热带的植物要求炎热的夏季，发芽、发根要求的温度较高。某些原产于赤道附近的植物，由于赤道附近虽属于热带地区，没有明显的四季之分，但有些地区属于海洋性气候，因此当地的年最高气温低于其他地区。我国北方一些地区夏季气候干燥、高温，与地中海气候类似，有时高达40℃，这样的高温在赤道附近和热带高山、雨林中却很少见，因此一部分原产于热带和亚热带地区的园艺植物，往往经受不住我国一些地区夏季的酷热，不能正常开花，或者被迫休眠。

同种园艺植物不同品种对热量的要求也有所不同，一般周年营养生长时期开始早的品种，从萌芽到开花要求热量较低，反之则高。同一品种在不同地区也有差异。一般在大陆性气候区，由于春季温度突然升高，开花物候期通过快，其时间相对缩短；而海洋性气候区，春季温度变化小，积温热量上升慢，则物候期相对延长。因此，同一品种在不同地区对积温的要求不同，与生长期长短和昼夜温差有关，生长期短，但夏季温度高时可缩短积温的天数。

二、绝对温度

植物的生长发育是内部的遗传基因与外界环境条件综合作用的结果。各种园艺植物的生长发育对温度都有一定的要求，包括最低温度、最适温度和最高温度三个基点。植物能生长的最低温度和最高温度称为植物生长温度的最低点和最高点，生长最快的温度称为最适点，三者统称为植物生长的温度三基点。它随植物地理起源的不同而不同，起源于严寒地区的植物，能在气温为0℃甚至稍低于0℃的条件下生长，而它们的生长最适温度通常为10℃以下；大部分温带地区的植物，5℃以下或10℃以下不可能有可觉察的生长，这些植物的最适点通常是25~30℃，而最高点是35~40℃；大部分热带和亚热带植物，其生长的温度范围更高。

最适温度是植物生长最快的温度，但对植物的健壮来说，却并不一定是最适宜的。因为在这样的温度条件下，植物虽然生长最快，但消耗的物质也多。在不利的环境条件下，如春季晚霜和干旱，幼苗易受损伤；二年生蔬菜如果越冬时生长过旺，会降低抗寒性。在北方，凡用保温方法育成的蔬菜、花卉的幼苗，在移植前一定要适当地降低温度、控制土壤水分和空气湿度以减缓地上部的生长速度，加强根系的锻炼，培育抗逆性较强的秧苗，避免不良条件的危害。植物在不同的生育时期，其生长三基点温度不断地变化。一年生园艺植物从出苗到开花结实的生长期所要求的温度，恰好与自然界早春至秋初这一段时期的气温变化相符合。因此，在栽培植物时，应了解植物生长对温度的要求。当从远地引种时，这一点尤为重要。

（一）温度对果树生长的影响

果树自萌芽后转入旺盛生长时要求的温度较高，落叶果树为10~12℃，常绿果树为12~16℃。早春气温对萌芽、开花有很大影响，而花期的预测，在生产上可为花前喷药、人工辅助授粉以及疏花疏果等做好必要的准备。温度还影响着花芽的分化。一般落叶果树花芽分化多始于夏季温度较高时期，尤其以6月中旬至7月上中旬的最低气温与花芽形成率有关。

对果树而言，温度对果实品质和色泽有着直接的影响。一般温度高，则果实糖酸比较高，果实着色好，品质也佳；反之，则糖酸比较低，品质变劣。对广东和湖北、四川等地所产柑橘的研究表明，广东所产柑橘，采收时含酸量在1%以下，而四川、湖北等地则为1.5%以上。这是因为酸被分解要求一定的温度条件。酒石酸分解要求的温度比苹果酸的高，故含酒石酸多的葡萄，成熟时所需温度比苹果高；柠檬酸分解所需温度更高，所以柑橘成熟时尚有余酸。但温度超过一定限度，反而有害。果实的色泽往往在日照强度大、温度较低、海拔较高的山丘地带比平原地区表现得好，如我国西北地区所产的果实，其色泽和风味均较好。实践证明，采用喷灌可降低气温、增强果实着色。

（二）温度对蔬菜生长的影响

同种蔬菜在不同的生长发育阶段，要求的温度不同。在种子发芽时，通常要求较高的温度。一般喜温的蔬菜，种子的发芽温度以25~30℃为最适；而耐寒蔬菜的种子，发芽温度可为10~15℃，或更低。如果在种子萌动后经过几天低温冷藏处理，可以促进种子发芽。幼苗期最适宜的生长温度，比种子发芽时要低些。苗期温度过高，容易徒长，使幼苗生长瘦弱。营养生长期要求的温度比幼苗期高一些，如果是二年生蔬菜，如大白菜、甘蓝等，在叶球形成期，温度又要低一些；根菜类肉质根形成时也要求较低的温度。生殖生长期，如抽薹、开花、结果时，则要求充足的阳光和较高的温度。种子成熟时，又要求更高的温度。

（三）温度对花卉生长的影响

花卉在不同的发育阶段对温度也有不同的要求。如在播种和扦插时，一般都要求较高的温度，幼苗期温度要求则比较低，特别是二年生草本花卉，苗期大多需要经过一段1~5℃的低温，才能度过春化阶段，否则不能进行花芽分化。当植株开始营养生长后，需要温度不断升高，而开花和结实阶段大多不需要很高的温度。

在谈到温度对园艺植物的影响时，还要注意土壤温度、气温和植物本身温度之间的关系。土壤温度和气温相比是比较稳定的，距离土壤表面愈远，土壤温度变化愈小，所以植物根的温度变化也比较小，根的温度与土壤温度之间差异不大，但是植物地上部温度则由于气温变化的关系而变化很大。植物的根一般都比较不耐寒，但越冬的多年生园艺植物，往往地上部已经有冻害，而根部可以正常地活着。这是由于土壤温度比气温的变动小，冬季土壤温度比气温略高一些；到春暖后，土壤温度稍微升高，根便可以生长。早春利用塑料薄膜覆盖地面，能提高土壤温度，促进肥料加速分解，使植株生长发育加快，从而达到早熟丰产的目的。

许多温室花卉的播种和扦插繁殖都是在秋后至翌年早春之间在温室或温床中进行的，如果这时室内的气温高，但土壤温度很低，一些种子常不能发芽，扦插的插穗则首先萌芽而不发根，在这种情况下，萌发的新梢会将枝条内储藏的水分和营养很快消耗掉，于是出现回芽并造成插穗死亡。因此，必须提高土壤温度，才能保证种子萌芽出土和插条发根，从而提高繁殖成活率。

三、温周期现象和春化作用

（一）温周期现象

植物正常生长对昼夜温度周期性的反应，称为温周期现象。植物在白天和夜晚生长发育的最适温度不同，较低的夜温对植物的生长发育是有利的。对温周期现象目前的解释是：白天与夜晚植物分别处在光期与暗期两种状态下进行生理活动，白天植物以光合作用为主，高温有利于光合产物形成；夜间植物以呼吸作用为主，温度降低可以减少物质的消耗，有利于糖分积累，而且在低温下有利于根系发育，提高根冠比。大部分园艺植物的正常生长发育，都要求昼夜有温度变化的环境。热带地区的植物，要求的昼夜温差较小，为3~6℃；温带地区的植物为5~7℃；而对于沙漠或高原地区的植物，则要相差10℃或更多。

蔬菜植物适宜于光合作用的温度比适宜于生长的温度要高一些。在自然条件下，夜间及早晨植物生长较快。对番茄生长的研究表明，以日温26.5℃和夜温17℃为最适。如果在昼夜温度不变的条件下，其生长率反而会比变温的低。如豌豆生长在日温20℃、夜温14℃时的植株，比生长在20℃恒温下的高而且健壮得多。

起源于热带的蔬菜如番茄，营养生长适宜的温度一般为20~25℃，但较低的夜间温度，如15~20℃，花芽分化往往会早一些，而且每一花序着生的节位较低。不论是花芽分化还是开花结实，它们的适宜温度都要求有昼夜温差。夜温比日温低5~10℃，日温最好是20~25℃，夜温最好是15~20℃。如果比这个范围更高或更低，花芽分化都会延迟，每一花序的花数减少，花亦较小，而且容易脱落。

对果树而言，昼夜温差对果实的品质有着明显的影响。昼夜温差大，糖分积累水平高，果实风味浓。

（二）春化作用

低温促进植物发育的现象，称为春化作用。春化作用是温带植物发育过程中表现出来的特征。温带地区由于日照的影响，温度随季节的变化十分明显，所以许多温带植物表现出发育过程中要求低温的特性。但因植物的种类不同，情况也不同。对于有些植物，可能并不存在春化现象。即便是同种植物，也因品种的不同，而对低温的要求也有一定的差别。

不同的园艺植物，对低温的感受部位不同。例如，白菜、萝卜、芥菜、菠菜等萌动的种子进行低温春化；而洋葱、大蒜、大葱、芹菜等必须以幼苗长到一定大小后，即需要以营养体状态经受低温作用，才能被春化。一般来说，春化作用只能发生在能够分裂的细胞中。

对大多数要求低温的植物来说，1~2℃是最有效的春化温度。但只要有足够的时间，在9℃范围内都同样有效。各类植物通过春化要求的期限有所不同，在一定期限内春化效应随着低温处理时间的延长而增加。在春化过程结束之前，把植物放到较高温度下，低温的效果被消除，这被称为解除春化。一般解除春化的温度为25~40℃。如将越冬储藏的洋葱鳞茎在春季种植前先用高温处理以解除春化，可以防止洋葱在生长期开花而获得大鳞茎。

四、高温与低温

园艺植物的生长与发育，都有其最适宜的温度范围。但在自然状态下，温度的变化是很大的。温度过高或过低都会造成植株的各种生理障碍，不仅造成减产或无收成，甚至造成园艺植物的死亡。

（一）高温

高温对植物造成的伤害称为热害。热害往往表现为局部受害，并间接引起植物生病。植物所能忍耐的最高气温即为植物的耐热力。高温引起的生理生化变化包括：原生质解体、生物胶体分散性下降、电解质与非电解质外渗、脂类化合物呈层状、蛋白质变性与凝固、细胞器结构破坏、有丝分裂停止、细胞核膨大、DNA数量减少等。高温破坏光合作用和呼吸作用的平衡关系，导致气孔不闭，促进蒸腾，从而使植物呈饥饿失水状态。热害使一些可逆的代谢变为不可逆，这是高温障碍的重要一环。高温持续的时间越长，或温度越高，引起的障碍也越严重。一般情况下，植物受高温的直接影响而枯死的现象是少有的。但热害使植物呈饥饿失水状态，造成原生质脱水和原生质的蛋白质部分凝固。因此，高温的影响，往往与日照强烈所引起的过度蒸腾联系在一起。当气温升高到最高温度以上时，植物生长速度就会急剧下降。

高温所引起的障碍，包括日灼、落花落果、雄性不育、生长瘦弱，严重时导致死亡。夏季温度过高使果实成熟期推迟，果实小，着色差，风味淡，耐储性低。高温所引起的落花落果，在茄果类及豆类中是常见的现象，因为高温妨碍了花粉的发芽与花粉管的伸长生长。落叶果树在秋冬季温度过高时则不能进入休眠或按时结束休眠。

在各种花卉植物中，耐热力最强的是水生花卉，其次是一年生草本花卉和仙人掌类植物，还有能在夏季连续开花的扶桑、唐菖蒲、夹竹桃、紫薇等及橡皮树、棕榈、苏铁等观叶植物。春秋两季开花的牡丹、芍药、菊花、大丽花、鸢尾等的耐热力就比较差。耐热力最差的除秋植的球根花卉外，还有许多原产于热带及亚热带高山、雨林中的花卉，如仙客来、马蹄莲、朱顶红、龟背竹等，它们都在春秋两季和冬季的温室内开花，伏天必须防暑降温，否则常因高温伤害而死亡。

(二) 低温

低温危害园艺植物的表现可分为：①冻害，即零下低温侵袭组织，发生冰冻所造成的伤害；②寒伤，即温度稍高于0℃，造成组织未冻结成冰的低温伤害；③冻旱，又称冷旱，是低温与生理干旱的综合表现；④霜害，即早晚霜害。植物的抗寒性（耐寒性）是指植物能抵抗或忍受0℃左右低温的能力，抗冻性是指对0℃以下低温的抵抗能力。植物对冬季一切不良条件的抵抗适应能力称为越冬性。

低温造成的伤害，其外因主要是温度降低的程度和持续的时间、低温来临的时间和解冻的速度，内因主要是园艺植物的种类、品种及其抗寒能力，此外还与地势、植物本身的营养状况有关。低温伤害对各个器官危害的临界温度也不相同。

造成各种低温伤害的气象因素，可概括为春季气温回升变幅大，秋季多雨低温、光照少，晚秋寒潮侵袭早，冬季低温持续时间长。温度剧烈变化对植物危害尤为严重，尤其是在生长发育的关键时期。降温越快受害越严重，春季乍暖还寒植物受害重。当受低温危害后，温度急剧回升要比缓慢回升危害更重，特别是受害后遇太阳直射，使细胞间隙内冰晶迅速融化，导致原生质破裂、失水而死。

冻旱是冬春季期间由于土壤水分冻结或地温过低，根系不能或极少吸收水分，而地上部枝条蒸腾强烈，造成植株严重失水的现象。冻旱是生理干旱，是植物吸水和蒸腾不平衡的结果。果树越冬抽条主要是越冬准备不足的果树受冻旱影响所致。冻旱易发生在高寒干燥地区，以苹果、桃、梨幼树树种发生最多，如西藏高寒地区的果树抽条率高达65%。受害地区的温度往往不是太低，而是由低温和干旱综合引起的，致死的因子是生理干旱，与生长前期低温枝条生长慢，后期雨大徒长、成熟不良，造成的越冬性差有关。

蔬菜对温度的要求与起源地关系很大，凡热带起源的蔬菜，在其生长发育过程中均要求较高的温度，不耐霜冻，喜温与耐热蔬菜属于这种情况。而在亚热带及温带起源的蔬菜，对温度的要求较低，能耐短时间的霜冻。

同样，花卉植物也因各自的原产地不同，耐寒的能力相差很大。根据花卉耐寒性的差异，大体上可以把花卉分为三类，即耐寒花卉、半耐寒花卉和不耐寒花卉。耐寒花卉包括大部分多年生落叶木本花卉、松柏科常绿针叶观赏树木和一部分落叶宿根及球根草本花卉。它们都原产于温带和亚热带，在我国北方地区能在露地自然安全越冬，如忍冬、蔷薇、玫瑰、紫薇、木槿、丁香、紫藤等。半耐寒花卉包括二年生草本花卉中的一部分、一些多年生宿根草本花卉和一部分落叶木本花卉，还有一些常绿树种。它们都原产于温带和暖温带，在我国长江流域都能安全越冬，在华北、西北和东北地区有的需埋土防寒越冬，有的需包草保护越冬，有的需进入地窖越冬；其根系在冻土中大多不会受冻，宿根花卉的地上部枯死，木本花卉的地上部不能忍受北方冬季的严寒，或者惧怕北方的寒风侵袭，需要设立防风障进行保护。不耐寒花卉都产于热带及亚热带地区。其中一部分球根和宿根草本花卉的根系，不能在冻土中越冬，入冬前必须将地下部挖回，放在室内储藏越冬，如晚香玉、美人蕉、大丽花、唐菖蒲等。其他一些常绿草本和木本花卉，除在华南地区和西南南部的平原地区外，其他地区都应进入温室越冬，如吊兰、文竹、万年青、马蹄莲、龟背竹、仙人掌与多肉植物、山茶、橡皮树等。在冬季养护时应根据它们对温度的不同要求，分别进入低温、中温和高温温室，不能一律对待。

植物的种类及品种不同，细胞液的浓度也不同。甚至同种植物在不同的生育时期及不同的栽培季节，细胞液的浓度也不同，因而耐寒性也不同。一般情况下，细胞液浓度高，冰点低，较耐寒。

第二节 水分对园艺植物的影响

水是植物生存的重要因子，是组成植物体的重要成分，植物体内的生理活动在水的参与下才能正常进行。水分使细胞保持紧张度，因而植物能保持其固有的姿态，代谢反应得以正常进行。由于水具有高的汽化热，所以植物在烈日照射下，通过蒸腾作用散失水分可以降低体温，不易受高温危害。果树枝叶和根部的水分含量约占50%，蔬菜产品大多是柔嫩多汁的器官，含水量可达90%以上，干物质只占不到10%。正在生长的幼叶含水量很高，可达90%左右；休眠的种子及芽含水量很低，只有10%或更低。含水量的多少与其生命活动强弱常有平行的关系，在一定范围内，组织的代谢强度与其含水量呈正相关。风干的种子含水量只有6%～10%，生理活动微弱到难以觉察的程度，随着吸水，其生理活动急剧活跃，一直达到很旺盛的程度。在这一过程中，水起了决定性作用。

一方面，植物必须不断地吸收水分，以保持正常含水量；另一方面，植物地上部尤其是叶片，又不可避免地要通过蒸腾作用向外散失水分。吸收和散失是一个相互依赖的过程，由于这个过程，植物体内的水分总是处于运动状态。吸收到体内的水分除少部分参与代谢外，绝大部分用于补偿蒸腾散失。植物的正常生理活动就是在不断吸收、传导、利用和散失水分的过程中进行的。

一、园艺植物对水分的生态反应

园艺植物在生长发育中形成了对水分不同要求的各种生态类型，因而在生产栽培中表现出适应一定的降水条件并要求不同的供水量。同时，各种园艺植物对水分的要求和忍耐力不同，表现为对干旱、水涝的不同抵抗力。园艺植物抗旱和耐涝的概念，不仅限于园艺植物在干旱和水涝条件下维持其生命活动，更重要的是能够提供人们所需要的园艺产品。

植物对干旱有多种适应方式，主要表现在两个方面：一种是本身需水少，具有旱生形态性状，如叶片小、全缘，角质层厚，气孔少而下陷，并有较高的渗透势，如石榴、扁桃、无花果等；另一种是具有强大的根系，能吸收较多的水分供给地上部，如葡萄、杏、荔枝、龙眼等。

果树按抗旱力的不同可分为三类。抗旱力强：如桃、扁桃、杏、石榴、枣、无花果、核桃、菠萝、枣椰、油橄榄等。抗旱力中等：如苹果、梨、柿、樱桃、李、梅、柑橘。抗旱力弱：如香蕉、枇杷、杨梅等。

在蔬菜中，黄瓜、白菜及绿叶蔬菜，它们的叶面积大，根系又不十分强大，对土壤和空气湿度要求较高，在栽培时要经常灌水。反之，西瓜和甜瓜根系强大，叶子有缺刻，能减少水分的消耗，抗旱能力较强。茄果类和豆类根系不如西瓜、甜瓜强大，但比黄瓜、白菜的根系深，对水分的消耗中等，吸收水分的能力也中等。至于水生蔬菜，由于其长期生长在水中，根系不发达，根的吸收能力很弱。它们一般利用体内的通气组织，向根供给氧气，以满足呼吸作用的需要。一旦土壤缺水，很快就会萎蔫枯死。

花卉因原产地的生态条件不同，对水分要求的差异更大，大体上可以把花卉分为5个类型。

(一)耐旱花卉

耐旱花卉包括原产于沙漠及半沙漠地带的仙人掌和多肉植物,以及锦鸡儿、沙拐枣等。这类植物根系较发达,仙人掌类植物的肉质器官能储存大量水分,细胞的渗透压高,叶硬质刺状,蒸腾作用很慢;锦鸡儿等北方沙生植物,其叶片上的保卫细胞相当肥大,遇到干旱会立即收缩,将气孔关闭,以减少蒸腾作用。这类植物在干旱条件下能缓慢生长,如果土壤的水分过多则会因烂根、烂茎而死亡。在栽培管理中应掌握宁干勿湿的原则。

(二)半耐旱花卉

半耐旱花卉包括一些叶片上有大量绒毛的花卉,如山茶、杜鹃、天竺葵、橡皮树、白兰、梅花、蜡梅等;还包括一些有针状或片状枝叶的花卉,如文竹、天门冬以及松、柏科植物。这类植物在栽培管理中应掌握干透浇透的灌水原则。

(三)中生花卉

中生花卉包括大部分木本花卉,如茉莉、石榴、丁香、桂花、红叶李等;还包括一些一二年生草本花卉、宿根草本花卉和球根草本花卉以及一些具有肉质根系的花卉,如君子兰等。这类花卉对土壤水分的要求高于半耐旱花卉,但也不能在全湿的土壤中生长。给这类植物浇水要掌握间干间湿的原则,即保持60%左右的土壤含水量。

(四)耐湿花卉

这类植物多原产于热带雨林中或山涧溪旁,喜空气湿度较大的环境,如水仙、龟背竹、马蹄莲、海芋、广东万年青等。它们需要很高的土壤湿度和空气湿度,极不耐旱,在养护过程中应掌握宁湿勿干的原则。

(五)水生花卉

这类植物的根或茎一般都具有较发达的通气组织,它们适宜在水中生长,其中必须在浅水中生长的有荷花、睡莲、凤眼莲等;可以在沼泽和积水低洼地中生长的有石菖蒲、水葱等。

植物适应土壤水分过多的能力称抗涝性,各种植物的抗涝性不同。在果树中,常绿果树以椰子、荔枝等较耐涝,落叶果树以枣、梨、葡萄、柿等较耐涝,在积水中一个月不会死亡。最不耐涝的是桃、无花果和凤梨等,柑橘耐涝力中等,仁果类树种耐涝力较强。

二、水分对园艺植物生长发育的影响

园艺植物在生长发育过程中的任何时期缺水都会造成生理障碍,严重的会使植株死亡。如果连续一段时间体内水分过多,超过植物所能忍受的极限,也会造成植物的死亡。

在育苗期间,植物的组织幼嫩,对水分的要求比较严格,过多过少都会造成生理障碍。秧苗的根系生长与土壤水分状态有密切关系,根的分布状态因灌水量而异。在湿润的土壤中,根系多数密集分布在土壤表面附近,细根多,根系扩展良好;反之,在干燥的土壤中,根系多数分布较深,细根少。蹲苗就是通过控制土壤水分,使秧苗的根系向土壤深处发展,增强植株抵抗不良环境的能力。但是如果水分控制过严,蹲苗的时间过长,不但使植物正常的生长受到影响,而且会使植物组织木栓化,成为老化苗。这样,即使定植到大田以后,其他条件正常,也不能很快地恢复正常生长。

在果树中,落叶果树通常在春季萌芽前需要一定的水分才能发芽,如果冬春季干旱则需要在春初补足水分。在此期间如果水分不足,常延迟萌芽期或萌芽不整齐,影响新梢的生长。新梢生长期温度急剧上升,枝叶生长迅速旺盛,需水量最多,对缺水反应最敏感,因此称此期为需水临界期。如果此期供水不足，则削弱生长，甚至过早停止生长。春梢过短、秋梢过长是由于前期缺水、后期水多造成的，这种枝条往往生长不充实、越冬性差。花芽分化期需水量相对较少，如果水分过多则分化减少。落叶果树花芽分化期与北方雨季同期，如果雨季推迟，则可促使花芽提早分化。

一般果菜类蔬菜从定植到开花结果，土壤水分要稍为少一些，避免茎叶徒长。但在开花期间，干旱或水分过多都会抑制子房的发育，引起落花落果，产生各种畸形果。果实发育也需要一定水分，但过多会使营养生长和生殖生长之间发生矛盾，引起后期落果或造成裂果，易罹患果实病害，影响果实产量。黄瓜开花后水分供应不及时，授粉不良，虽然过一段时间后土壤水分充足，但容易出现尖嘴瓜；在果实发育前期缺水，中期水分供应充足，而后期又缺水，就容易形成大肚瓜；如果果实发育中期严重缺水，前期和后期水分充足，就容易产生细腰瓜。也就是说，黄瓜果实的畸形与果实发育期间水分供应不均匀有很大关系，当然也与授粉、有机营养不足及温度过高或过低有关。

秋季干旱，植物的生长提早结束，根系也停止了生长，会影响营养物质的积累和转化，削弱植物的越冬性。冬季低温枝干易受冻。春季风大干燥，树木体内水分不足，则易造成生理干旱，使树木发生抽条现象。

三、影响水分吸收与散失的因素

影响水分吸收的主要因素是温度，特别是土壤温度。土壤温度低，会降低根系的吸水能力。这是因为在低温条件下，根系中细胞的原生质黏性增大，使水分子不容易透过原生质，减少了吸水量；同时，也会降低土壤中水分的流动性，造成水分子在土壤中扩散减慢；低温还会抑制根系的呼吸作用，减少能量供应，从而抑制根系的主动吸水过程。土壤通气不良，土壤气体中二氧化碳含量增加、氧气不足，以及土壤中溶液浓度过高等都会影响根系对水分的吸收。

植物体内的水分是靠根系从土壤中吸收进来的，虽然有些植物地上部也可以吸收水分，但只是少量，而大量水分需依靠根系从土壤中获得。水分灌溉到土壤中，除植物直接消耗外，还有从土壤中蒸发的部分，地表径流与渗漏，以及杂草对水分的竞争性吸收。而在园艺植物所需要的水分中，绝大部分用于蒸腾作用，只有很少的一部分用于有机物的合成。

一般情况下，土壤水分保持在田间持水量的60%～80%时，根系可以正常生长。在灌溉用水中，土壤—植物—大气三者之间形成一个水分转移的连续系统。土壤中水分散失的途径，有地面蒸发和叶面蒸腾两种。叶面蒸腾分角质层蒸腾与气孔蒸腾两种，以气孔蒸腾为主，角质层蒸腾只有气孔蒸腾的1/10左右。

地面蒸发与叶面蒸腾的水分，来自土壤的不同层次。地面蒸发来自土壤表层，而叶面蒸腾则来自土壤表层以下根系分布的耕作层，由根系吸收耕作层的水分来供给植物进行蒸腾。当土壤有足够的水分时，蒸发只发生在土壤表面，而当土壤十分干燥时，可以完全没有蒸发。而叶面的蒸腾是与叶面积大小成比例的，当植株的群体叶面积越大时，叶面的蒸腾量也越大。在植株播种或移苗后的生长初期，叶层还没有盖满地面，此时地面蒸发大于叶面蒸腾；但到了生长后期，叶层盖满整个地面，则叶面蒸腾大于地面蒸发。在植物整个生长季中，地面蒸发与叶面蒸腾的比例的平均值大致接近于1。

四、干旱和水涝对园艺植物的不利影响

旱害是指土壤缺乏水分或者大气相对湿度过低对植物造成的危害。植物对旱害的抵抗能力称为植物的抗旱性。干旱可分为两种：土壤干旱和大气干旱。土壤干旱是由于久旱无雨，减少了土壤有效水分对植物的供应；而由于高温与干风造成大气相对湿度急剧降低，一般指小于20%，植物因过度蒸腾而破坏体内的水分平衡，称为大气干旱。大气干旱常表现为干热风，干热风给夏熟作物的生产带来很大损失。

干旱对植物的损害是由于干旱时土壤有效水分亏缺，植物失水超过了根系吸水，叶面蒸腾失水得不到补偿，细胞原生质脱水，破坏了植物体内的水分平衡。随着细胞水势的降低，膨压降低而出现叶片萎蔫现象，萎蔫分为暂时萎蔫和永久萎蔫两种。夏季中午由于强光高温，叶面蒸腾量剧增，根系吸水一时不能补偿，叶片临时出现萎蔫，但到下午，随着蒸腾量降低或者浇水灌溉时，当根系吸水满足了叶片的需求，植株即可恢复正常。这种情况称为暂时萎蔫，它是植物经常发生的适应现象，尤其是阔叶植物，叶片越大，这种现象越明显，萎蔫使气孔关闭，可以节制水分散失，所以萎蔫是植物对水分亏缺的一种适应调节反应，对植物是有利的。而且，暂时萎蔫只是叶肉细胞水分临时失调，并未造成原生质严重脱水，对植物不产生破坏性影响。永久萎蔫是植物萎蔫后，降低蒸腾仍不能恢复正常，即使灌溉也不能完全恢复正常，它给植物造成严重的危害。永久萎蔫与暂时萎蔫的根本区别在于永久萎蔫的植物细胞原生质发生了严重的脱水，引起一系列生理生化的变化。虽然暂时萎蔫也给植物带来一定损害，但通常所说的旱害实际上是指永久萎蔫对植物所产生的不利影响。

原生质脱水是旱害的核心，伴随着原生质脱水，细胞发生了一系列的变化。一方面，脱水破坏了膜上脂质双分子层的排列，细胞膜的透性增加，导致细胞溶质外渗；另一方面，脱水破坏了植物的正常代谢。它使光合作用剧烈下降，细胞内蛋白质合成减弱，而分解作用加强。此外，它还破坏了核酸的正常代谢。总之，原生质脱水对植物代谢破坏的特点是抑制了合成代谢而加强了分解代谢。

水分过多对植物的损害称为涝害。但水分过多的概念比较模糊，一般有两层含义，一是指土壤的含水量达到了田间的最大持水量，土壤水分处于饱和状态，即土壤水势已达最大值，此时土壤气相完全被液相取代，根系完全生长在沼泽化的泥浆中。有人称这种涝害为湿害。二是指水分不仅充满了土壤，而且田间地面也有积水，淹没了植物的局部或整株，这才是涝害。植物对水分过多的适应能力称为植物的抗涝性。

涝害对植物影响的核心是土壤的气相完全被液相取代，使植物生长在缺氧的环境里，因此对植物产生了一系列不利的影响。受涝的植物长势矮小，叶黄化，根尖变黑，叶柄偏向上生长；涝害使植物的有氧呼吸受到抑制，导致植物无氧呼吸；涝害还使根际的二氧化碳浓度和还原性有毒物质浓度升高，降低根系对离子吸收的活力。

第三节 光照对园艺植物的影响

光是在植物生命活动中起重大作用的生存因子，没有阳光就没有绿色植物。植物在一生中，都与光照有密切的关系。植物细胞中的白色体只有在阳光的照射下才能转化成叶绿体，

进行光合作用。叶绿体是植物进行光合作用的场所，光照是植物进行光合作用必需的条件，光合作用所制造的有机物质不仅供植物本身的需要，而且是地球上有机物质的基本来源。

不同园艺植物种类对光照的要求程度不同，大多数植物只有在充足的光照条件下才能枝繁叶茂，光照过多或不足都会影响植物正常的生长发育，进而造成病态。通过改进栽培技术改善植物对光的利用，以及利用人工光照栽培，以满足园艺植物对光的要求，提高光能利用率，是园艺植物栽培的重要目的。

一般来说，光照对植物生长发育的影响主要表现在光的组成（即光质）、光照度和光照时间的长短（即光周期）三个方面。

一、光质

光是太阳的辐射能以电磁波的形式投射到地球表面的辐射线。太阳辐射的波长变化是150～3 000nm，太阳的可见光部分占全部太阳辐射的52%，红外线占43%，而紫外线只占5%。太阳辐射强度与其照射角度有关，近于直角时强度最大。我国太阳辐射资源丰富，其地理分布是西部高于东部，华北地区比长江中下游地区高，辐射量最大的地区是西藏南部，最低的是四川盆地。

植物感受光的器官主要是叶片，在叶片中由叶绿素吸收光制造有机物质进行正常的生理过程，并完成重要的光化学反应。叶片吸收的光以可见光和紫外线为主，即太阳光谱为380～710nm。太阳光中被叶绿素吸收最多的是红光，作用也最大，黄光次之，蓝紫光的同化作用效率仅为红光的14%。

作用于植物的光有两种，即直射光和散射光。在一定范围内，直射光的强弱与光合作用呈正相关。散射光强度低，但其光谱中短波部分比长波部分要多，即散射光有较多的红、黄光（达50%～60%），可被植物完全吸收利用，而直射光最多只有37%。因此，散射光比直射光对在弱光下生长的园艺植物有较大的作用，但由于散射光的总强度比不上直射光，因而光合产物也不如直射光的多。在果树中，因果树种类、品种的不同，对直射光和散射光的反应不同，有的不直接接受日光照射而着色好，如苹果的一些浓红型芽变：首红、新红星等品种。葡萄有在直射光下着色好的品种称直光着色品种，如玫瑰香、红蜜等；也有无需直射光照射的品种称散光着色品种，如白玫瑰香、康可、玫瑰露等。

光质随纬度、海拔高度和地形变化而不同，通常散射光随着纬度的升高，对植物的作用越大。直射光随着海拔增高而增强，紫外线的强度也增强，由于紫外线有抑制植物生长的作用，因此高山上的植物常表现出矮化现象。散射光随着海拔的升高而减少，山坡地边缘的散射光最少，南坡和北坡的散射光不同，如在20°的南坡受光量超过平地的13%，而在北坡则减少34%。此外，云对太阳辐射强度有很大影响。有太阳的云天，云不直接遮蔽太阳，可加强光照度5%～25%，而遮蔽太阳时则显著降低光照度，尤其以连成片的雨云最为显著。由于果树对散射光的利用率高，所以生产中可在果园地面铺设反光膜，以提高树冠下部果实的品质。另外，光质还随着季节的变化而变化。春季太阳光中紫外线的成分比秋冬季要少；夏季中午紫外线的成分增加，可比冬季多达20倍，而蓝紫光线仅比冬季多4倍。光质的这种变化，会影响到同种园艺植物在不同生产季节的产量和品质。

在蔬菜中，光质影响马铃薯、球茎甘蓝等块茎和球茎的形成。球茎甘蓝在蓝光下容易形成膨大的球茎，而在绿光下不会形成。在波长较长的光下生长的植株，节间较长而茎较细；

在波长较短的光下生长的植株，节间短而茎较粗。这对培育壮苗和决定栽培密度有重要的意义。

光质与园艺产品的品质有关。许多水溶性的色素如花青素的合成，都要求有强的红光和紫外线，因为紫外线有利于维生素 C 的形成，而温室中紫外线较少，所以在温室中栽培的园艺产品的维生素 C 的含量，往往不如露地的高。

二、需光度

园艺植物对光的需要程度，与植物种类、品种原产地的地理位置和长期适应的自然条件有关。原产于低纬度、多雨地区的热带、亚热带植物，对光的需求略低于原产于高纬度的植物。原产于森林边缘和空旷山地的植物绝大部分都是喜光植物，光照度减弱则生产率显著下降。植物需光度的不同是相对而言的，同种植物的不同器官需光度不同，不同的生育时期需光度也不相同。生殖器官及其生长比营养器官及其生长需要较多的光，如花芽分化、果实发育比萌芽的枝叶需要更多的光。

1. 果树的需光度　在落叶果树中，以桃、扁桃、杏、枣最喜光，苹果、李、沙果、梨、樱桃、葡萄、柿、板栗次之，核桃、山核桃、山楂、猕猴桃较耐阴。常绿果树以椰子、香蕉较喜光，荔枝、龙眼次之，杨梅、柑橘、枇杷较耐阴。

2. 蔬菜的需光度　在蔬菜中，需要较强光照的有西瓜、甜瓜、南瓜、茄子、番茄、黄瓜等及薯芋类的芋、豆薯等，如果光照不足，它们的产量及含糖量都会降低。对光照要求中等的有白菜、甘蓝、萝卜、胡萝卜等白菜类和根菜类以及葱蒜类蔬菜。对光照要求较弱的有莴苣、菠菜、茼蒿等绿叶类蔬菜。此外，由于姜的光饱和点比较低，要求的光照度也比较低。

3. 花卉的需光度　根据花卉植物对光照的要求不同，大致可以把花卉分为阳性花卉、中性花卉和阴性花卉。

（1）阳性花卉。大部分观花、观果类植物都属于阳性花卉，其中包括一二年生草本花卉、宿根草本花卉、大部分球根花卉，以及很多木本花卉，如一串红、茉莉、扶桑、夹竹桃、柑橘、石榴、紫薇等。水生花卉、仙人掌与多肉植物等也都是阳性花卉。在观叶类植物中也有一部分阳性植物，如苏铁、棕榈、芭蕉、橡皮树等。它们都喜强光，在庇荫条件下则枝条纤细，节间伸长，叶片黄瘦，花小而不艳，香味不浓，果实青绿而不上色，因而失去观赏价值，有的甚至不能开花。

（2）中性花卉。中性花卉多原产于热带和亚热带地区，如杜鹃、山茶、栀子、棕竹、白兰花、倒挂金钟、八仙花及一些常绿针叶树等。由于原产地空气中的水蒸气较多，一部分紫外线可被水雾所吸收，因而它们不能忍受盛夏阳光的直射。

（3）阴性花卉。阴性花卉多原产于热带雨林、高山的阴面及森林中，也有自然生长在阴暗的山涧中，通常在庇荫的环境条件下生长良好，如文竹、兰科植物、蕨类植物、鸭跖草科植物、天南星科植物以及石蒜、地锦、常春藤、大岩桐、秋海棠、仙客来等。它们都不能忍受阳光直射，否则叶片会焦黄枯萎，时间久了还会死亡。

三、光照度

（一）光照度与种子萌发的关系

大多数园艺植物种子的萌发在光中和黑暗中一样，根据种子的萌发对光的需求不同，把种子分为喜光种子和喜暗种子。在一定光照条件下才能萌发的种子，称为喜光种子，如莴苣的一个品种 Grand Rapids，它的种子萌发对光的要求特别严格；有些植物种子的萌发受到光的抑制，称为喜暗种子，如黄瓜、番茄、西葫芦等。喜光种子萌发对光的依赖性不仅常常随着外界环境的变化而变化，而且与种子内部的生理状态有关。典型的喜光种子（莴苣），在10℃吸涨时，不论有无光照均可发芽；而在20～25℃时，只在有光条件下才能诱导发芽。刚采收的凤草种子若在连续光照条件下则发芽显著被抑制，只有在吸涨后经过一定的暗期，然后再经过一段光期才会有较高的发芽率。随着后熟过程的进展，光对种子发芽的重要性逐渐减小，最后可完全不依赖光而发芽，即使在黑暗中也有较高的发芽率。

（二）光照度与黄化现象

光是绿色植物制造光合产物的能量来源，虽然植物细胞的分裂与伸长在无光的条件下也能进行，但没有光照植物便不能积累干物质，生长必然受到阻碍。在黑暗中发芽的种子，待储藏的物质耗尽之后，不久便死去。植物虽然能在黑暗中生长，但在黑暗中生长的植物其形态与正常光照下的植株有显著的差异，表现出黄化现象：茎叶淡黄，含胡萝卜素和叶黄素，但缺乏叶绿素；茎秆细长瘦弱，组织的分化程度较低，分化的机械组织较少，水分多而干物质少。种子在土壤中萌发成苗出土见光之前，都发生此现象。利用黄化现象，在蔬菜栽培中，用遮光、培土等方法，使生产出来的蔬菜鲜嫩而汁液丰富，如利用培土方法栽培葱白（假茎）很长的葱和韭黄、蒜黄等。

黄化现象与缺乏有机营养无直接关系。马铃薯的块茎即使有充足的养料，在黑暗中也同样抽出黄化的枝条。但是，黄化的幼苗每天只要在微弱的光照下照射5～10min，就足以使黄化现象消失，植株的形态趋于正常。消除在无光条件下植物生长的异常现象，是一种低能反应，它与光合作用有本质区别。一般把这种由低能量光所调控的形态建成称为光形态建成，它是由光敏素系统控制。

（三）光照度对叶片颜色的影响

在一些观叶类植物中，有些花卉的叶片常呈现出黄、橙、红等多种颜色，有的甚至呈现白色的斑块，这是由于叶绿体内所含色素不同，并在不同的光照条件下所产生的结果。叶绿素a呈蓝绿色，叶绿素b呈黄绿色，它们在细胞中含量的多少，决定了叶片绿色的浓淡，而这种浓淡又常与日照强度成正比。在一些彩色叶片中，叶绿体内常含有大量的胡萝卜素和叶黄素。叶黄素呈黄色，胡萝卜素呈橙红色，它们是一些彩色叶片的色原，如红叶甜菜、红桑、红叶朱蕉、彩叶草、红枫等。红桑、红枫的叶片在强光下叶黄素合成得多，在弱光下胡萝卜素合成得多，因此呈现出由黄到橙、红等不同颜色。金心黄杨、金边吊兰、金边龙舌兰、变叶木等叶片，在不同部位的叶绿体内含有不同的色素，以致在一个叶片上出现了黄、绿两种颜色。彩叶芋的叶片上常呈现出大小不同的白色斑块，则是由于该部位栅栏组织内的白色体没有转化成叶绿体的能力。

（四）影响光照度的因素

影响光照度的因素，除了气候条件如降雨、云雾等外，还因纬度、海拔不同而不同。而且栽培条件如栽植密度、行向、植株调整以及种植制度等，也会影响一个田间群体的光照度分布。在自然环境中，太阳光照度在南方无云的天气下，一般为4万～5万lx，而西北和东北地区的太阳光照充足，可达10万lx以上。但这是对植株群体的最上层而言，如果一个群体的下部由于群体叶层的相互遮阴，往往达不到这个光照度。光照在植物体上，不会被全部利用，一部分被植物反射，一部分透过植物到地面，一部分照在植物的非光合器官上。因此，植物对光的利用率取决于叶幕的厚薄和叶面积的多少。稀植的树空间大，受光量小，光能利用率低。不同的植物品种和群体环境，有不同的适宜受光量。

光照度的不同，直接影响光合作用的强弱。因此，一切与光合作用有关的生长发育过程都可能受光照度的制约。光照度减弱时，如阴雨天光合作用的同化物产量为晴天的1/9～1/2。从植株叶片的状态看，如果叶幕层厚，叶面积指数高，但由于叶片相互重叠遮阴，有效叶面积小，同化物产量也显著降低。

（五）光照度对植物生长的影响

光照度对植物生长的影响主要反映在枝叶生长方面。从果树对光照的反应看，光照度高时易造成短枝密集，削弱顶芽枝向上生长，而增强侧芽枝的生长，树姿表现为开张；而光照不足时枝长且细，直立生长势强，表现为徒长。一般喜光树种在光照减弱时（或人工遮光、阴雨天）生长明显减弱，但质量并不增加，干物质量降低，表现为徒长。因此，要使植物正常生长，必须有合适的光照度。

1. 光照过强会引起日灼　日灼尤以大陆性气候、沙地和昼夜温差剧变等情况下更容易发生。叶和枝经强光照射后，叶片温度可提高5～10℃，树皮提高10℃以上。果树的日灼因发生时期不同，可分为冬春日灼和夏秋日灼两种。①冬春日灼多发生在寒冷地区的果树主干和大枝上，常发生在向阳面。由于冬春季白天太阳照射使枝干温度升高，冻结的细胞解冻，而夜间温度又忽然下降，细胞又冻结，冻融交替使皮层细胞遭受破坏。刚开始受害的多是枝条的阳面，树皮变色横裂成块斑状；危害严重时韧皮部与木质部脱离；急剧受害时，树皮凹陷，日灼部位逐渐干枯、裂开或脱落，枝条死亡。苹果、梨、桃等树种都易发生日灼，但品种间有较大差异。②夏秋日灼与干旱和高温有关。由于温度高，水分不足，蒸腾作用减弱，致使树体温度难以调节，造成枝干皮层或果实表面的局部温度过高而烧伤，严重者引起局部组织死亡。夏秋日灼在桃的枝干上发生时常出现横裂，破坏表皮，降低了枝条的负载量，易引起裂枝。在苹果、梨等枝干上发生时，轻者变褐，表皮脱落，重者变黑如烧焦状且干枯开裂。沙滩地果园的苹果、梨和新栽的幼树，常出现靠地表的根颈部分发生日灼，甚至死亡。果实的日灼主要发生在向阳面叶片较少的树冠外围，果面先发生斑块呈水烫状，而后渐扩大干枯，甚至裂果，如葡萄、苹果、柑橘、菠萝等都易发生。

2. 光照度对根系的生长也有间接的影响　当光照不足时，根系的生长受到明显的抑制，具体表现为：根的伸长量减少，新根的发生数少，甚至停止生长。当光照降低时，光合作用减弱，同化物减少，由于同化物首先被地上部利用，然后才被送到根系，所以阴雨季节对根系的生长影响很大，耐阴植物形成了低的光补偿点以适应环境。植物由于缺乏光照表现为徒长或黄化，根系生长不良，必然导致植物地上部枝条成熟不好，不能顺利越冬休眠；根系浅，抗寒、抗旱能力降低。此外，光在某种程度上能抑制病菌活动，如在光照条件好的山丘地，植物病害明显较少。

3. 光照与花芽形成关系密切　植物受光不良，对花芽形成和发育均有不良的影响。树冠外围的透光部位花芽多就是这个原因。

有些花卉的花蕾开放时间，取决于光照的有无和强弱。如半支莲、酢浆草必须在强光下才能开放，日落后闭合；牵牛花则在凌晨开放；草茉莉只在傍晚开放，第二天日出后闭合；昙花则在夜晚21时以后开放，24时以后逐渐凋谢。在花卉栽培中，为使一些只在夜间开放的花卉能在白天开放,以便于人们观赏,常用光暗颠倒的方法,使园区里的游人能够在白天观赏到昙花的风姿。

4. 光照与果实发育的关系 光照不足会引起果实发育中途停止,造成落果。此外,光对果实品质也有着重要的作用。光合作用不但形成糖类,而且直接刺激诱导激素的形成。在高光照度和低温条件下,花青素形成得多。而黄色果实中的胡萝卜素在黑暗条件下也能生成,光照对其着色影响不大。在果实的风味方面,受光好则糖分积累多,近成熟期遇阴雨则糖分含量下降,干旱、晴天葡萄的酒石酸含量下降。果皮部的维生素含量比果心部的含量高,受光好的果实和同一果实受光好的部位维生素 C 含量多。维生素 A 以含胡萝卜素多的果实如柑橘、枇杷、柿、杏,受光好含量多。光也影响类胡萝卜素的合成,受光好的含量也多。因此,树冠透光良好,有利于果实维生素含量的提高。

四、光周期

1. 光周期的概念 所谓光周期即光期与暗期长短的周期性变化,是指一天中从日出到日落的理论日照时数,而不是实际有无阳光的时数。某一地区的光周期,完全由其纬度所决定,而实际的有阳光照射的时数则与降雨及云雾的多少有关。在各种气象因子中,日照长度变化是季节变化最可靠的信号。植物对日照长度变化发生反应的现象,称为光周期现象。

2. 植物的光周期类型 植物在一年内的特定时期开花,很多植物在开花前,有一段时期对昼夜相对长短的要求很严格,如果这种要求得不到满足,就不能开花或开花延迟。除了开花之外,如植物的休眠和落叶,鳞茎、块茎和球茎等地下储藏器官的形成也都受日照长度的影响。如菊芋块茎的形成需在短日照下,许多野生马铃薯块茎、洋葱鳞茎的形成则要求长日照条件。

植物开花不能超过或少于一定的日照长度,当在只有长于或短于某个日照长度的光周期下,才能形成花芽时,这个日照长度称为临界日长。根据植物开花对光周期反应的不同,一般可把植物分为四种主要类型。即短日照植物、长日照植物、日中性植物、限光性植物。

(1) 短日照植物。短日照植物是指日照长度短于一定的临界日长才能开花的植物。这类植物在较长的日照条件下不能开花或延迟开花,如蔬菜中的大豆、豇豆、茼蒿、赤豆、刀豆、苋菜等,花卉中的一品红、菊花等。这类植物如果适当地延长黑暗、缩短光照可提早开花。

(2) 长日照植物。长日照植物是指当日照长度长于一定的临界日长时才能开花的植物,如果延长光照可提早开花,而延长黑暗,则延迟开花或不能分化花芽。如蔬菜中的白菜、甘蓝、萝卜、胡萝卜、芹菜、菠菜、莴苣、蚕豆、豌豆以及大葱、大蒜等,它们都是在春季开花的,大多为二年生蔬菜,起源于亚热带及温带;花卉中的金光菊、天仙子等。唐菖蒲是典型的长日照植物,为了持续供应唐菖蒲切花,冬季在温室中栽培时,除高温外,还需要补光来增加光照时间。以春末和夏季为自然花期的观赏植物通常为长日照植物。

(3) 日中性植物。日中性植物是指在较长或较短的光照条件下都能开花的植物。这类植物适应光照长短的范围很大。在蔬菜中,许多理论上属于短日照的植物,如菜豆、早熟大豆、黄瓜、番茄、辣椒等,实际上也可以作为日中性或近日中性植物,因为它们在缩短光照的条件下,能提早开花的时间很少,只要温度适宜,可以在春季、秋季或冬季开花结实。花卉中的月季、扶桑、天竺葵、美人蕉等也属于日中性植物。

(4) 限光性植物。限光性植物是指在一定的光照长度范围内才能开花,如果日照时数长些或短些都不能开花，而会停留在营养生长阶段。如菜豆中的一种野生菜豆只能在日照时数12~16h开花。此外，还有一些植物要先感应长日照，后感应短日照才能促进花芽分化，称为"长-短日照植物"；也有一些植物要先感应短日照，后感应长日照才能促进花芽分化，称为"短-长日照植物"。但这类植物比较少。

许多植物都属于典型的短日照植物或长日照植物，即它们都有明确的临界日长。在长于（对短日照植物）或短于（对长日照植物）临界日长的条件下，植物不能开花，这样的植物称绝对短日照植物或绝对长日照植物。但也有不少短日照植物和长日照植物的开花反应并不绝对，它们在不适宜的日照长度下，经过相当长的时间也能或多或少地形成一些花，这样的植物称相对短日照植物或相对长日照植物，它们没有明确的临界日长。

其实，所谓短日照植物并不一定要求较短的日照，而黑暗期的长短更为重要。也就是说，是暗期长度而不是光期长度控制短日照植物的开花。对于长日照植物，光照是重要的，黑暗期是不必要的，在完全没有黑暗的条件下，即在连续光照条件下也能开花。如白菜及芥菜的许多品种，在不断光照下都能开花。总之，长日照植物可以在不断的光照下开花，而短日照植物不能在无光下开花（因无光限制了生长），但要有一定的黑暗时期。需要指出的是，临界日长往往随着同种植物的不同品种、不同年龄和环境条件的改变而有很大变化。

光周期反应，主要诱导花芽的分化，即诱导植物由营养生长向生殖生长转化。但与此同时，也影响植物的生长习性、叶的发育、色素的形成、叶形变化、食用储藏器官的发育，以及解剖、其他生理及生化上的变化。不少营养储藏器官的形成，要求一定的光周期，在蔬菜生产上比较明显的有块茎（如马铃薯、芋、菊芋）、块根（甘薯）、球茎（如慈姑、荸荠）、鳞茎（如洋葱、大蒜）。马铃薯的块茎形成要求短日照（晚熟品种），同时与温度有关。在适宜形成块茎的温度下，短日照可刺激块茎的形成；但如果温度过高（32℃），即使在短日照下也不能形成块茎。长日照适于营养生长，但短光照可以控制高温的作用。另外，地下储藏器官的形成，所要求的短日照条件也有品种间的差异。通过人们长期选育的结果，既有严格要求短日照的品种，也有要求不严格在较长日照下也能形成块茎的品种。短日照虽然可以促进地下储藏器官的形成，但从生产实践来看，并不希望植物在生长初期就遇到较短的光照，而是在生长初期，有较长的光照和较高的温度，以促进营养生长，扩大其同化面积；然后转入较短日照的环境，以促进块茎或块根的形成。因为在不徒长的情况下，块茎或块根的质量是与地上部同化器官的质量成正比的。如果在生长初期就遇到短日照的环境，虽然可以较早形成块根或块茎，但由于没有足够的同化面积，形成的块茎是不会很大的。

光周期反应中温度是一个重要的环境因素。温度不仅影响光周期通过的迟早，并且可以改变植物对日照的要求。对长日照植物来说，温度可以降低其对日照的要求而在较短的日照下开花。例如，豌豆和甘蓝在较低的夜温下失去对日照时间的敏感而呈现出中间性植物的特征。甜菜通常只在长日照下开花，而在10~18℃的较低温度下，8h日照时数也能开花。如果温度很高，许多长日照植物，如白菜、菠菜、萝卜等在长日照下也不开花，或者延迟开花期；长江流域一带栽培的小白菜、夏萝卜以及华南的夏芥菜，虽然每天有14h以上的日照时数也不开花。对短日照植物来说，夜温降低可以使其在较长的日照下开花，如牵牛花在21~23℃下是短日性，而在13℃低温下却表现为长日性；短日照植物一品红在低温下也表现出长日性。

在生产上应把光周期反应与温度结合起来考虑。在温带及亚热带地区的自然条件下，长日和高温（夏季）与短日和低温（冬季）总是伴随着的。因此，对具有光周期性的许多园艺植物来说，日照条件是形成花芽的重要因素，但并不是唯一的因素。根据光周期反应进行分类时，往往发现有不确切的现象，这可能是由于日照以外的条件如温度等的影响而产生的。

不管是短日照植物还是长日照植物，都不是在种子发芽以后立刻就对光周期起反应的。它们要生长到一定的程度以后，才对光周期起反应。特别是多年生植物，首先通过春化阶段，然后通过光照阶段才引起花芽分化。但在很多情况下，即使萌动种子通过春化也不会立即对光周期起反应，而要生长到一定大小或长出一定叶数后，才能接受光的刺激。许多植物植株的年龄越大，对光周期的反应就越敏感。如晚熟种大豆植株的年龄愈大，引起一定的反应所必需的光周期处理的次数就愈少；而当年龄很大时，即使在较长日照条件下也能形成花芽。长日照植物如白菜也有类似情况，年龄越大，对长日照越敏感。对大多数白菜品种而言，当植株年龄很大时，在8h以下的短日照条件下也能现蕾开花。因此，植株的年龄是影响光周期反应的一个因素。

植物只要得到足够时间的适宜光周期，再放置于不合适的光周期条件下仍可开花，这种现象称光周期诱导。光周期诱导的时间随着植物的不同而不同，多数植物光周期诱导需要几天、十几天至二十几天。许多试验证明：感受光周期刺激的部位是叶片，而不是生长点。叶片的年龄不同，对光周期刺激的感应也不同。一般以充分展开的叶片最为有效。光周期诱导的作用，一般认为是叶片经过一定的光周期处理后，在叶片中形成一种物质，这种物质可以运转到生长点中，引起花芽的分化。这种物质常被认为具有激素性质，但真正的"成花素"还没有被分离出来。

在花卉生产中，花卉工作者为了在重大节日展示百花齐放的场景，常采用控制光照时间的方法来催延花期。需要延迟开花的短日照花卉，用灯光在秋后增加光照时间，使它们的花芽分化期推迟；需要提早开花的短日照花卉，在夏季利用暗室或黑罩子来缩短光照时间，使它们的花芽分化期提早。

第四节　土壤对园艺植物的影响

土壤是植物栽培的基础，植物的生长发育要从土壤中吸收水分和营养元素，以保证其正常的生理活动。土壤由岩石风化而来，其理化性状与植物的关系极为密切。良好的土壤结构能满足植物对水、肥、气、热的要求，是生产高产优质的园艺产品的物质基础。

一、土壤质地

土壤质地是指组成土壤的矿质颗粒各粒级含量的百分率。根据各粒级组分含量的不同可以把土壤分为沙质土、壤质土、黏质土、砾质土等。不同质地的土壤对园艺植物的生长发育以及园艺产品的品质和产量有不同的影响。沙质土的质地疏松，孔隙大且多，通气透水能力强，生长于沙质土上的植物根系分布深而广，植株生长快，易实现早期丰产优质；壤质土的质地较均匀，松黏适度，通透性和保水保肥性好；黏质土致密黏重，孔隙细小，透气和透水性差，易积水，但有机质含量较高，在黏质土上种植的植物的根系入土不深，易受环境胁迫；砾质土的特点与沙质土类似，种植作物需进行土壤改良。

二、土壤理化性状

园艺植物在生长发育中，所需要的温度、水分、养分、空气等都与土壤有直接的关系。土壤是农业生态系统中的一个环节，也是物质和能量的一个储存库，土壤中的水、肥、气、热都是农业生态系统中能量和物质循环的结果。土壤的温度、水分、通气、酸碱度、肥力直接影响着植物的生长发育。

（一）土壤温度

土壤温度直接影响植物根系的活动，同时制约着各种盐类的溶解速度、微生物的活动以及有机质的分解和养分转化等。

植物根系生长与土壤温度有关。当土壤温度过高时，根系受伤甚至枯死。据报道，根温超过25℃对苹果的生长有明显的副作用。进一步的研究指出，根温与植物生长的关系实质是对光合作用与水分平衡的影响。据测定，光合作用和蒸腾效率随土壤温度的上升而降低，当土壤温度为29℃时开始降低，至36℃时明显下降。这与土壤温度上升显著减少叶片中钾和叶绿素的含量有关，沙壤土比黏质土下降更明显。在36℃时，根中干物质含量随根温上升明显下降。当土壤温度为40℃时叶绿素含量严重下降，而根中水分含量增加，叶片水分含量减少，这是由于超过适宜根温，减弱初生木质部的形成而使水的运转受阻。冬季当地温低于－3℃时，即可发生冻害，低于－15℃大根便受冻。

（二）土壤水分

水分是提高土壤肥力的重要因素，营养物质在有水的情况下才能被溶解和利用，所以肥水是不可分的。水分还能调节土壤温度。一般植物根系适宜在土壤水分为田间持水量的60%～80%时活动，当土壤含水量高于萎蔫系数的2.2%时，根系停止吸收活动，光合作用开始受到抑制。通常落叶果树在土壤含水量为5%～12%时，叶片凋萎（葡萄为5%，苹果、桃为7%，梨、栗为9%，柿为12%）。土壤干旱时，土壤溶液浓度高，根系不能正常吸水反而发生外渗现象，所以施肥后强调立即灌水是为了便于根系吸收。土壤水分过多会使土壤空气减少，缺氧产生硫化氢等有毒物质，抑制根的呼吸，以致停止生长。

（三）土壤通气

植物根系一般在土壤空气中氧含量不低于15%时生长正常，不低于12%时才发生新根。各种植物对土壤通气条件的要求不同，生长在低洼水沼地的越橘忍耐力最强，柑橘对缺氧反应不敏感，可以生长在水田地埂上，苹果、梨反应中等，桃最敏感，是缺氧时最先死亡的树种。

土壤中氧含量少，影响根系对营养元素的吸收，但不同植物的表现不同。当氧不足时，对氮、镁来说，桃吸收的最多，柑橘、柿、葡萄较少；而对磷和钙的吸收，则葡萄最多，桃和柿少一些；对钾的吸收，以柿最多，桃、柑橘和葡萄较少。在土壤中根据土壤水分和空气的多少，使得一些元素成为还原性物质或氧化性物质。当土壤水分较高缺氧时，三价铁离子容易被还原成二价铁离子，以硫酸根形式存在的硫被还原成硫化氢，如果改善了通气条件则又变为氧化性物质。

（四）土壤酸碱度

植物生长要求不同的土壤酸碱度，土壤中有机质、矿质元素的分解和利用以及微生物的活动，都与土壤的酸碱度有关。各种植物对酸碱度的要求不同。不同的土壤酸碱度影响着矿质元素的有效性，从而影响了根系对矿质元素的吸收。在酸性土中有利于对硝态氮的吸收，而中性、微碱性土有利于对铵态氮的吸收。硝化细菌在 pH 为 6.5 时发育最好，而固氮菌在 pH 为 7.5 时最好。在碱性土中，有些植物易发生失绿症，因为钙中和了根分泌物而妨碍对铁的吸收。根据这些特性，在生产上应采取相应的改土措施，以利增产。

根据花卉对土壤酸碱度的不同要求，可将其分为耐强酸花卉、酸性花卉、中性花卉和碱性花卉。耐强酸花卉要求土壤的 pH 为 4~6，如杜鹃、山茶、栀子、兰花、彩叶草和蕨类植物等。酸性花卉要求土壤的 pH 为 6~6.5，如百合、秋海棠、朱顶红、蒲包花、茉莉、石楠、棕榈等。中性花卉要求土壤的 pH 为 6.5~7.5，绝大多数花卉属于此类。耐碱花卉要求土壤的 pH 为 7.5~8，如石竹、天竺葵、香豌豆、仙人掌、玫瑰、白蜡等。

（五）土壤肥力

通常将土壤中有机质及矿质营养元素的高低作为表示土壤肥力的主要内容。土壤有机质含量高，氮、磷、钾、钙、铁、锰、硼、锌等矿质营养元素种类齐全、互相间平衡且有效性高，是植物正常生长发育、高产稳产、优质所应具备的营养条件。改善土壤条件，提高矿质营养元素的有效性及维持营养元素间的平衡，特别是提高土壤中有机质的含量，是栽培中常抓不懈的措施。

三、土壤状态

耕作层是指适宜植物根系生长的活跃土壤层次。耕作层及其下层土壤的透气性直接影响根系的垂直分布深度。耕作层深厚且下层土壤透气性良好，根系分布深，吸收的养分和水分多，植物健壮且抗逆性强；反之，则根系分布浅，地上部矮小、长势弱。不同的土壤类型也影响根系分布的深度，沙质土上生长的植物根系分布深，黏质土上生长的植物根系分布浅。

有石灰质沉积的土壤，其下层为白干土，是限制植物根系向深层分布的障碍。当旱季土壤坚实时，根系很难穿透；而在雨季，水又不能下渗，根系淹水造成烂根。山麓冲积平原和沿海沙地，表土下一般为砾石层或砾沙层，由于植物的根系不能深入土层；同时砾石层上部的水和养分经常会渗漏流失，因此植物一般比较矮小，容易未老先衰。

土壤中有害盐类的含量也是影响和限制植物生长的重要因素。盐碱土中的主要盐类为碳酸钠、氯化钠和硫酸钠，其中以碳酸钠的危害最大。盐分过多对植物生长的影响是多方面的，但主要危害有三个方面：生理干旱、离子的毒害作用和破坏正常代谢。不同植物的耐盐性不同，如柑橘类中，印度酸橘、兰卜来檬的耐盐性最强，酸橙、柚居中，枳及某些枳橙耐盐性较弱。另外，在年降水量小、空气干燥、蒸发量大的地区，地下水中的盐分随着蒸发液流上升到土表，并积聚在土壤浅表层，会造成季节性的盐渍化；当降雨季节来临或大量灌溉时，可将浅表层的盐分淋洗到土壤深层而使盐渍化现象缓解。

在实际生产中，建立休闲农业园区时，首先，应考虑是新辟园区还是老的农场换茬，因为在植物栽培中存在忌地现象。如果一种植物在同块土地上连续栽培，那么其所需要的养分不断地被吸取，土壤中营养元素必然会缺乏，而对于其不需要的营养元素必然失调，地力便得不到充分利用。其次，各种植物地下部根系的分布各有深浅，吸收养分范围各不相同，如果年年连作，其根系吸收范围只固定在一定范围内，同样会造成营养缺乏。再次，植物连作带来的病虫害，其病原物常潜伏在土壤内，年年连作，无疑是为病菌培养寄主。最后，连作后植物根系也会分泌出大量对自身有害或有毒的物质，对有益的微生物起抑制作用。当分泌于土壤的有害物质得不到分解时，自然会影响该种植物的生长发育。

植物忌地的程度以忌地系数作为衡量的标准。忌地系数＝100×连作时后作的生长量/各种后作的平均生长量，忌地系数小说明连作生长不良。无花果和枇杷忌地现象明显，其忌地系数分别为 48 和 53；苹果、梨、葡萄也有忌地现象，忌地系数分别为 77、78、78；柑橘、核桃的忌地现象较轻，忌地系数分别为 86、87。生产实践表明，桃的忌地现象极为明显。

第五节　其他环境条件对园艺植物的影响

一、地势

地势虽然不是植物的生存条件，但能显著地影响地区小气候。它通过改变光、温、水、热等在地面上的分配，进而影响植物的生长发育，改变园艺产品的产量和品质，是影响植物生长发育的间接环境因素。

地势是指地面形状高低变化的程度，包括海拔高度、地形、坡度、坡向等。其中海拔高度对植物的影响最明显，大致与纬度的变化相似。

（一）海拔高度

海拔高度对气温的影响呈现出一定的规律。在北半球中纬度地区海拔 1 000m 以下，海拔每垂直升高 100m，气温下降 0.6～0.8℃。受温度变化的影响，无霜期随海拔升高而缩短。海拔高度对光照有明显的影响，海拔每垂直升高 100m，光照度平均增加 4.5%，紫外线增加 3%～4%。海拔高度的变化同时也影响着降水量与相对湿度的变化。与海拔高度所引起的气候因素的垂直变化相适应，植物在山地也呈垂直分布。例如，在亚热带地区山麓地带生长龙眼、荔枝和柑橘，但海拔 500m 以上生长桃、梨、李、杏和苹果等温带果树，再往上又被山葡萄和野核桃所代替。在低纬度平均海拔为 4 000m 的青藏高原地区，海拔 2 500m 的温热湿润地区栽培亚热带果树柑橘、香蕉、番木瓜和温带落叶果树，在海拔 3 500～4 000m 时，有核桃（4 200m）、早中熟苹果（4 000m）和梨、树莓（4 000m）的分布。植物在山地生态最适地带往往表现出寿命长、衰老慢，如寿命短的桃树在四川西部海拔 2 000m 的地区，有的可活 100 多年。同时，由于昼夜温差大、光照充足、湿度小，果实含糖量和维生素含量较高，耐储性和硬度增强，果实表面光洁，色泽鲜艳，鲜香味浓。但海拔过高果产则表现生长不良，品质下降。植物的物候期随海拔升高而延迟，生长结束期则相反。当海拔达到一定高度时，植物生长期虽长但由于热量不足，落叶相对提早，果实成熟延迟。

（二）坡度

坡度通过影响太阳辐射的接受量、水分再分配及土壤的水热状况，而对植物的生长发育产生明显的影响。其影响的大小又与坡度的大小相关。通常以 3°～15° 的坡度适合栽种果树，尤以 3°～5° 的缓坡地最好。耐旱和深根系的植物，如仁用杏、板栗、核桃、香榧、橄榄和杨梅可以栽在坡度较大（15°～30°）的山坡上。坡度越大，土壤因冲刷严重，含水量越少，同一坡面上部比下部土壤含水量少。在同一坡面，植物的长势因位置高低而不同，一般情况下，坡面下部的植物发育好一些，因为坡面下部的土层较深厚，也较肥沃。

（三）坡向

不同的坡向因接受的太阳辐射量不同，其光、热、水条件有明显的差异，因而对植物的生长发育有不同的影响。在北半球，除平地外，总的趋势是南坡接受的太阳辐射最大，北坡接受的太阳辐射最少，东坡与西坡介于二者之间。一般情况下，生长在南坡的树健壮、产量较高、品质较好，但易受干旱或早春晚霜的危害；北坡植物往往树弱枝虚，抗性差，尤其易受冻害；西坡植物，因下午地面得到的直接辐射较多，较强的日照同时使温度升高，所以植物易得日灼病。

（四）地形

地形是指所涉及地块纵剖面的形态，具有直、凹、凸及阶形坡等不同类型。不同的地形通过影响植物栽培地的光、温、湿等条件，对植物间接地产生综合生态效应。如低凹的地形，由于冬春季夜间冷空气下沉、积聚，往往形成冷气潮或霜眼，使植物特别是早开花的植物受到晚霜危害。山地坡谷自下而上常有逆温层，反而可以减轻植物冻害。

另外，湖泊、水库等大水面能调节所在地附近的小气候，使气温变化比较稳定。春季可使气温上升慢，植物萌芽晚，从而躲避晚霜的危害；夏季则可减小温度变化的幅度，使植物生长良好；冬季温度不会降得太低，有利于植物越冬。如江苏地区一般不适于柑橘、枇杷的栽培，但太湖中的东、西洞庭山因受湖面水汽蒸发较多的影响，栽植效果良好。

二、风

风是气候因子之一，对植物的作用是多方面的，既有良好作用的一面，如风媒传粉；也有破坏作用。风可改变温度、湿度状况和空气中二氧化碳浓度等，从而间接影响植物的生长发育。

1. 微风与和风　微风与和风可以促进空气的流通，增强蒸腾作用，当风速为3m/s时比无风时蒸腾强度可加强3倍。微风可改善光照条件和光合作用，消除辐射霜冻，降低地面高温，使植物免受伤害，减少病菌危害，增强一些风媒花植物的授粉结实，如核桃、栗、阿月浑子、榛子、杨梅等。

2. 强风　强风使树液流动受阻，空气相对湿度降低。花期遇大风（6～7m/s），影响昆虫的传粉活动，空气相对湿度降低，柱头变干。海潮风吹来盐分黏住柱头，影响受精结实。同时，柑橘枝梢被海潮风吹后，新梢枯黄落叶。果实成熟期的大风，可吹落或擦伤果实，对产量威胁特别严重。大风引起土壤干旱，影响根系生长。黏质土由于土壤板结、龟裂造成断根现象；沙质土地区有营养的表土被吹走，严重时有移沙现象，造成明显风蚀，或使树根外露，或使树干堆沙，影响根系正常的生理活动。冬季大风可把树行间的雪层吹走，增加土层冰冻深度，使植物根部受冻。我国沿海地区，每年夏秋季（6～10月）常受台风侵袭，对植物危害很大，造成大量落果、落叶、折枝、倒树等严重损失。

3. 焚风　焚风多发生在高山区，是从高山下降变干的热风，为地方性风。风的热度取决于山的高度，每下降100m，温度上升1℃。焚风温度有时可高达30～40℃，冬春季的焚风可加速解除桃、杏的休眠，使其提早开花，如遇回寒天气则易发生冻害。秋季焚风对生长季温度不足的植物能补充温度，使果实早熟。

三、环境污染

伴随着工农业生产的发展和城市人口的急剧增加，工业"三废"和城市污水、废弃物的排放量也日益增大。在缺少合理处理和管理的情况下，不仅人民的生活环境受到污染，而且农业生产的自然环境也日益加重地受到多种化学和物理因素的影响，造成了对农业灌溉水域、农田空气和土壤的严重污染。当前污染农业环境的有毒物质，大多来自有害的工业"三废"，即废水、废气、废渣。工业"三废"大多排放量大、分布广，往往超过了环境中生物自身的净化能力，因此很容易造成环境污染。

环境污染给园艺产品生产带来的危害可分为5种情况：①园艺产品生长发育不良，产量锐减，甚至死亡。②园艺产品外观变形、变色，内部黑心，不能出售，影响经济性状和收益。③园艺产品品质变劣，营养成分下降，或造成怪味、异味，无法销售。④园艺产品不耐储藏、易腐烂，造成重大经济损失。⑤园艺产品含有毒性，这些有毒物质通过食物链转移到人体内，造成中毒，危害身体健康。

另外，有些污染物来自农业生产本身，如化肥和农药的不科学施用，也会对园艺产品造成污染。综合来看，环境污染对园艺植物的危害和影响可分为空气污染、水质污染、土壤污染和农药污染。

(一) 空气污染

1. 空气污染的种类 对人类和植物产生危害，或者已受到人们注意的空气污染物，大约有100种。工业废气和汽车尾气是空气污染的主要污染源，排出的有毒气体量大面广，污染最严重。空气污染可分为气体污染和气溶胶污染两类：气体污染物包括二氧化硫、氟化物、臭氧、氮氧化物以及碳氢化合物等；气溶胶污染物可概括为固体粒子（粉尘、烟尘）和液体粒子（烟雾、雾气）两类。其中对农业威胁比较大的污染物，大约有10种，如二氧化硫、氟化氢、氯气、光化学烟雾和煤烟粉尘等。

近年来，随着塑料工业的迅速发展，塑料在农业上的应用日益广泛。薄膜是目前塑料在农业生产上的主要使用形式，但是，含毒的薄膜散发出的有毒气体会给农业生产带来很大损失，应引起充分重视。农用塑料薄膜在制造过程中，需要加入增塑剂。增塑剂是塑料薄膜制品的重要组成成分，它的种类很多，生产上使用的主要品种是以苯酐为原料的邻苯二甲酸酯类。最常用的邻苯二甲酸酯类有辛酯、二异辛酯、二丁酯和二异丁酯等。增塑剂在塑料薄膜中的含量根据不同的配方，而有所增减。

污染空气的物质除气体外，还有大量的固体和液体的微细颗粒成分，如粉尘。粉尘主要来源于燃料燃烧过程中产生的废弃物，如用大量煤炭和石油作燃料的火电厂、煤气厂、焦化厂、矿冶厂、钢铁冶炼厂以及水泥厂等。被粉尘危害的植物，主要是生长在各大工矿企业四邻的植物，烟尘沉降在整个污染区的植株上，覆盖在叶、枝、茎、果和花等幼嫩组织上，造成许多点状污斑。果实在幼小期受害后，污染部分组织木栓化，纤维增多，果皮粗糙，商品价值下降；成熟期受害，还容易引起腐烂。有些蔬菜如包心的甘蓝和大白菜，烟尘夹在叶层里，无法洗除和食用。花卉则由于烟尘的影响观赏性降低，商品花卉则商品价值降低，给花农带来很大的损失。

2. 空气污染的危害途径 空气污染主要是通过植物叶面上的气孔，在植物进行光合作用气体交换时，污染物随同空气侵入植物体内引起毒害，它们能干扰细胞中酶的活性，杀死组织，造成植物一系列的生理病变等。空气污染对植物的危害可分为直接危害和间接伤害两种。

（1）直接危害。直接危害可分为急性危害、慢性危害、不可见伤害。急性危害通常发生在有害气体比较高的时候，症状是大量伤斑突然集中出现在叶片上，有时也分布在芽、花和果上，造成外形恶化，降低商品价值。受伤严重部分，细胞和叶绿素遭到破坏，发生强烈褪

休闲农业园区植物配植

色,叶片干枯,甚至脱落死亡。慢性危害多发生在空气中有害气体浓度比较低的时候,叶片褪绿程度较轻,斑点小而少,叶绿素功能受到一定的影响。不可见伤害是一种隐性伤害。植物受害后短期内从植株外部和生长发育上看不出明显变化,污染物仅对植株代谢生理活动产生影响,植株体内有害物质逐渐积累,影响品质变劣和产量下降。

(2)间接伤害。间接伤害是指植物受污染后,生长发育减弱,降低了对病虫害的抵抗力,因而使某些害虫和病菌容易侵袭,加速了病虫害的传播与发展。

3. 影响空气污染的因素 植物对空气中不同污染物的敏感程度和抵抗力大小,随种类和品种的不同而有一定差异,但都受有害气体的浓度和接触时间长短的支配。植物受空气污染物危害的大小,还与发育年龄有关。生长旺盛、气体交换频繁的幼年时期受害较严重,新的成熟叶和光合作用活动强度高的叶片一般容易受害,老叶则较不敏感。通常空气污染多发生在植物生长发育旺盛的春季和初夏,秋季较少(烟尘除外)。风向与农田受害有极大关系,一般位于污染源下风向的植物受害严重,受害面往往呈条状或扇状分布。空气污染分布的特点是,农田距污染源越远受害越轻,而受害最严重的地方,一般是距工厂烟囱高度10~20倍处。

(二)水质污染

自然水资源如河流、湖泊、水塘和地下水是农业灌溉的主要水源。但近年来,由于大量的工业及生活污水不加处理就直接排放,我国主要的江、河、湖及部分地区的地下水都受到不同程度的污染。水质污染物对植物的危害主要有直接接触危害和间接危害两种。

(1)直接接触危害。直接接触危害是指污水中的油、沥青,以及各种悬浮物、高温水、酸和碱等物质,能随水黏附在植物的组织器官上,造成腐蚀,引起植物生长不良,产量下降;或带毒而不能食用。

(2)间接危害。间接危害是指污水中的许多有毒物质均能溶解于水,被植物的根系所吸收,进入植物体内,影响植物自身的生命活动,导致代谢失调,生长受阻,品质变劣,产量下降;或毒物大量积累,对植物本身的生长虽无明显影响,但却能通过食物链转移进入人体内,危害人的身体健康。

水中污染物对植物造成危害较大、分布较广的有酚类化合物、氰化物(重金属)、苯系化合物、醛类和有害致病微生物等。

另外,生活污水常常带有大量的致病微生物,若用来浇灌蔬菜,特别是生吃,这些蔬菜即成为病菌的传播者。

(三)土壤污染

土壤污染是近几十年来出现的新问题。自古以来,人们总是把土壤作为处理一切废弃物的场所,尽管在自然过程中,土壤能把大量有机物质最终分解成二氧化碳和水以及各种土壤基质的其他组成成分,但是当施入的废弃物超过土壤的自净力时,就会破坏土壤的正常机能,使它失去自然生态平衡,从而影响植物的产量和品质。

污染土壤的污染物主要来自工业"三废"和大量施用的农药、化肥。污染物可以通过灌溉水进入土壤,也可因大气污染、空气中的颗粒物(含有重金属和致癌物等)沉降地面造成土壤污染,前者称水污染型土壤污染,后者称大气型土壤污染。另外,还有施用含毒污染泥、工业废渣、城市废弃物以及大量喷洒农药和化肥而造成的土壤污染等。目前土壤污染对植物影响较大的有镉、汞、铬、砷污染和硝酸盐污染等。

（四）农药污染

农药污染主要是由农药的残留毒性造成的。例如，有机氯农药，污染土壤后残留可长达10～30年。许多农药都是有毒的，它们经过各种方式施入农田后，绝大部分是散落到土壤中，在外界环境的影响下，由于飞散、蒸发、光解或微生物作用，多数均能逐步转化或分解，甚至消失。但大多数情况下，不可能完全被彻底地消除掉，难免有少量农药残留在植物体内，形成残毒。

农药进入植物体内的途径有两种，一是从植物体表进入。如蒸气压高的农药，可以汽化后经植物气孔侵入。水溶性农药可以经植物气孔或直接经表皮细胞向下层组织渗透；脂溶性农药能溶解于植物表面蜡质层里而被固定下来。二是从根部侵入。通常在喷洒农药时，据估计粉剂农药有10%、液剂有20%左右会附在植株上，其余的80%～90%散落在土壤上，在灌溉或降雨后农药溶于水中，进入土层与无机盐类物质混合，而被植物的根系吸收。农药进入植物体内，最后会在种子和果实中留有残毒，严重危害着人类的健康。

四、生物

在生态系统中，许多植物、动物和微生物之间存在着相互依存、相互促进或相互排斥的现象。如果能利用这种现象并成功应用，不仅能提高园艺产品的产量和品质，还能降低投资消耗，充分利用土地资源。

几千年的生产实践发现，在各种植物之间有互补作用，也有不能共存的，存在着他感作用。例如，葡萄园附近种植萝卜和白菜对葡萄的生长发育不利，而在葡萄园种紫罗兰，不仅可相互促进，而且所结的葡萄还带有芳香的气味。此外，槭树和杨树能促进苹果和梨的生长，增强果树的耐寒力，如果将槭树的浸出液喷在苹果树上，结出的果子抗病虫害力强。醋栗是螟蛾最爱吃的植物，但在其附近种上薄荷，这种虫子就不见了。果树行间的植物种类对果树也有影响，并且这种影响不同于对光合营养的竞争，如在苹果行间种植马铃薯则因为马铃薯能产生一种毒素，抑制苹果的光合作用和生长；而果树行间种植大蒜，则有驱虫的作用。

此外，鸟、兽对果树也可造成危害。例如，鼢鼠主要在果树休眠期危害果树根系及树体。广泛分布于我国华北、西北地区的鼢鼠能咬断果树根系，啃食树皮，对新栽的幼树危害很大；同时，鼢鼠的洞穴在雨季还造成水土流失，破坏梯田、坝埂等水土保持工程，是西北、华北和黄河故道地区的主要兽害。除鼢鼠外，衣囊鼠对樱桃、梨等多种果树都有严重的危害，它在果园广泛营造洞穴，并啃食果树根部。野兔、放牧的牛羊都会对果树造成危害。野兔比鼢鼠的食量大，活动范围广，对幼树、幼枝的危害很大；牛、羊放牧不当，也会啃伤树皮，啃食枝叶。鹿对果树尤其是幼树和灌木果树的危害也应引起重视。鸟类危害成熟果实已成为很多地区越来越严重的问题，如乌鸦、喜鹊等喜食樱桃、越橘、苹果、杏、李、葡萄等以及其他松软成熟的果实，乌鸦还会叼食成熟的核桃、榛子果实。而这些被啄伤的果实，又引诱黄蜂进一步危害。此外，灰雀啄食苹果幼芽，果子狸、松鼠等也危害果实，山地果园受害较大。

对于鼢鼠、野兔等对果树的危害，一般采用器具捕杀法、毒饵法等进行防范，但在使用时应严格按照安全使用规程操作，注意对环境和野生动物的保护。鸟、兽害的一般防护，可以采取以下措施：①小面积果园，在果园周围种植有刺植物为篱，如花椒、皂角、刺槐、杜梨、酸橙、枳等，防止大牲畜的闯入。②树干绑缚带刺树枝，如酸枣、刺槐树枝，或支三脚架防止牛、羊、兔等啃食树皮。③果实套袋，设防鸟网，以防鸟类危害果实。近年来，我国优质果品生产果园已将果实套袋作为一项常规措施，并取得了明显的效果。但因所采用的纸袋内层多为红色，反而易吸引鸟类危害果实，因此应采取相应的防范措施。④器械惊吓，如用发声或发光的器械来驱逐鸟、兽等。此外，还可设置彩旗、气球，特别是我国很多果园设有稻草人、假人等，对鸟类有一定的驱防效果。

【思考题】
1. 温度如何影响园艺植物的生长发育？
2. 休闲农业园区中如何合理地利用水资源？
3. 休闲农业园区中可采用的调控光环境的措施有哪些？
4. 休闲农业用地大部分为"四荒地"，如何改善这类土壤的理化性状？
5. 环境污染对休闲农业园区植物配植的影响有哪些方面？

第三章
果树配植技术

> **教学目标**
> 1. 认识常见的果树。
> 2. 运用常见果树的植物学特性及其对环境的要求，完成园区果树的配植。

第一节 常见果树介绍

一、苹果

苹果是世界重要果品之一，原产于欧洲中部、东南部、中亚、西亚至我国新疆。全世界生产苹果的国家有80多个，主产国有美国、中国、波兰、伊朗、土耳其、法国、意大利等。我国苹果产区分布广，主要集中在环渤海（鲁、冀、辽、京、津）、西北黄土高原（陕、晋、甘、青、宁）、黄河故道（豫、苏、皖）和西南冷凉高地（云、贵、川）四大产区。

苹果果形美观，色泽艳丽，营养丰富。苹果除可鲜食外，还可加工成果汁、果酒、果醋、果酱、果脯和果干等产品。苹果树适应性强，在平原、丘陵、山地都能生长，能产生一定的经济效益和生态效益。

（一）类型与品种

苹果属植物全世界约有35种，主要种类有苹果楸子、西府海棠、花红、河南海棠、山定子、三叶海棠、湖北海棠、新疆野苹果、丽江山定子、海棠花等。

苹果品种数以千计，分为酒用、烹调、尾食三大类，其颜色、大小、香味、光滑度等特点均有差别。我国苹果栽培品种主要有红富士、嘎啦、金冠（又名金帅、黄元帅、黄香蕉）、乔纳金、秦冠、辽伏、清明等。

（二）植物学特性

1. 根系 根系水平分布和垂直分布因砧木种类、土壤性状、地下水位和栽培技术不同而有差别。一般水平根系分布的范围为冠幅的1.5~3.0倍，乔化砧根系较矮化砧分布相对较广、较深,肥沃的平地较贫瘠的山地分布深,地下水位低的园区,根系垂直分布也深。

只要生长条件满足,苹果树根系全年都可以生长,年生长有3次高峰。一般3月上旬至4月中旬为第一次生长高峰,发根较多,但时间较短;6月上旬至7月上中旬为第二次生长高峰,根系生长速度快、时间长,发根数量多;9月上旬至11月下旬为第三次生长高峰,持续时间较长,但生长较缓。当土壤温度降到0℃时,根系停止生长而被迫休眠,冻土层以下的根系仍能维持微弱吸收和转化活动。

2. 枝 按照发生习性和功能,枝可分为长枝、中枝、短枝、徒长枝、结果枝、结果母枝几种类型。有秋梢的营养枝,春、秋梢交界处称为盲节;没有秋梢的营养枝,能形成良好的顶芽,按其长度分为短枝(5cm以下)、中枝(5~15cm)和长枝(15cm以上),这些枝顶端分化为花芽的分别称为短果枝、中果枝和长果枝。花束状果枝(2cm左右)上顶芽与腋芽往往都是花芽,是极短果枝。结果母枝是着生当年生结果枝的上年生枝。

不同品种成枝力差别明显,红富士成枝力较强,红星、金冠、金矮生成枝力中等,青香蕉、国光成枝力较弱。

3. 芽 按功能不同,芽可分为叶芽和花芽。叶芽是枝、叶生长的基础;花芽为混合芽,是结果和枝叶生长的基础。多数品种花芽分化从6月上旬开始至入冬前完成,整个过程分为生理分化、形态分化和性细胞成熟3个时期。除顶生混合芽外,有些早、中熟品种如甜黄魁、辽伏、华农1号、金红、黄太平等腋花芽也较多。

4. 花 花为伞房总状花序。每个花序开花5~8朵,多为5朵,中心花先开,边花后开;以中心花的质量最好,坐果稳,结果大,疏花疏果时应留中心花和中心果,多疏边花和边果。虫媒花,花朵大,花冠鲜艳,有蜜腺分泌蜜汁和芳香脂类物质,借助昆虫如蜜蜂可达到传粉的目的。三倍体品种如乔纳金、陆奥、北斗花粉败育,不能作授粉树。

5. 果实 果实是由子房和花托发育而成的假果,其中子房发育成果心,花托发育成果肉,胚发育成种子。

果实发育大致有3个阶段:果肉细胞分裂阶段、果肉细胞扩大阶段和果实内含物转化阶段。果实发育期的长短,一般早熟品种为65~87d,大概7月成熟;中熟品种为90~133d,8~9月成熟;晚熟品种为137~168d,10月成熟。果实增长曲线为S形。果实成熟度分为可采成熟度、食用成熟度和生理成熟度,可以从果实的色泽、果肉硬度、含糖量、果实脱落难易、果实生长的天数来判断果实的成熟度。

苹果从花蕾出现到果实采收,一般有4次落花落果。第一次在花后,未见子房膨大,花即脱落,所落的都是未受精的花;第二次在花后一周左右,子房开始膨大,一般是受精不良的幼果脱落;第三次出现在第二次落果后两周,北方大约在6月上、中旬,故称为"六月落果",主要因营养不足所致;第四次在果实采收前,落下成熟或接近成熟的果实,故称采前落果。

(三) 对环境条件的要求

1. 温度 苹果原产于夏季空气干燥、冬季气温冷凉的地区,一般来说,年平均气温8~14℃、生长期(4~10月)平均气温12~18℃、冬季最冷月平均气温−10~10℃的地区适合栽培苹果。冬季适宜的低温是完成自然休眠的重要条件,低温时间不足,发芽、开花推迟而不整齐,有的花芽甚至不萌动,直接影响产量。根系一般可耐−12℃的低温;花期遇−1.7~−1.5℃低温,即有不同程度伤害;幼果期经较长的0~1℃低温,萼周就会出现霜环。

2. 光照　苹果树是喜光树种，要求年日照时数在 1 500h 以上。光照不足时，加长生长增强，甚至出现"徒长"现象；花芽分化不良，果实品质差。海拔每升高 100m，光强会增加 4%～5%，紫外线增加 3%～4%，对促进成花结果、增进品质都有利。

3. 水分　苹果树较抗旱，一般生长季降水量达 540mm 并且分布均匀即可满足苹果树生长与结果的需要。我国北方苹果产区的年降水量多为 500～800mm，但是 5～6 月正值春旱，7～8 月雨水较集中，因此建园时必须设置排灌系统。

4. 土壤　苹果树喜微酸至中性土壤，以 pH 5.5～6.7 为宜。苹果树要求有效活土层厚度为 60cm 以上，地下水位保持在 1.5m 以下，土壤中空气含氧量在 10% 以上时能正常生长。苹果树耐盐力不高，氯化盐在 0.13% 以下，苹果树生长正常，高于 28% 则受害严重。

二、桃

桃原产于我国，人们总是把桃作为福寿祥瑞的象征，民间素有"寿桃"和"仙桃"的美称。桃果味道鲜美，营养丰富，含有蛋白质、脂肪、糖、钙、磷、铁和 B 族维生素、维生素 C 等成分；桃中含铁量较高，在水果中几乎居首位。除鲜食外，桃还可加工成桃脯、桃酱、桃汁、桃干和桃罐头。桃的药用价值主要在桃仁，桃仁中含有苦杏仁苷、脂肪油、挥发油、苦杏仁酶及维生素 B_1 等。唐代名医孙思邈称桃为"肺之果，肺病宜食之"。桃核硬壳可制活性炭，是多用途的工业原料。

（一）类型与品种

桃属在我国野生和栽培的有桃、山桃、甘肃桃、陕甘山桃、光核桃和新疆桃 6 个种，栽培品种分为南方品种群、北方品种群、油桃品种群、蟠桃品种群、黄肉品种群 5 个品种群。

1. 南方品种群　南方品种群分布于长江流域以南，如江苏、浙江、四川、云南等省份，适应温暖多湿气候，有硬肉桃和水蜜桃两类。硬肉桃果顶稍突，果肉脆硬致密，汁液较少，单花芽较多，以中、短果枝结果为主，如陆林桃、小暑桃、象牙白、二早桃等。水蜜桃果顶平圆，缝合线浅，果肉柔软多汁，皮可剥离，不耐储运，复花芽较多，以长果枝结果为主，如玉露、白花、上海水蜜、白凤、大久保、冈山白等。

2. 北方品种群　北方品种群主要分布于黄河流域，如山东、河南、山西、河北、陕西、甘肃、新疆等省份。果顶尖突，缝合线深，以中、短果枝结果为主，耐寒、耐旱。硬肉桃如四月半、五月鲜和成熟期晚的青州蜜桃、冬桃等，蜜桃如肥城佛桃、深州蜜桃、天津水蜜桃等。

3. 油桃品种群　油桃品种群分布于新疆、甘肃一带，江苏、浙江有少量栽培，适宜夏季干燥气候。油桃是普通桃的变种，果形较小，核大肉少、果肉脆硬，汁少、味酸。优良品种有五月火、华光、红珊瑚、曙光、艳光、香珊瑚、超五月火等。

4. 蟠桃品种群　蟠桃品种群在江苏、浙江一带栽培较多，新疆也有栽培，适于南方气候，少数品种可在北方栽培。果肉柔嫩多汁，皮易剥，品质佳。枝条开张，以中、长果枝结果为主，复花芽多。主要优良品种有撒花红蟠桃、早露蟠桃、新疆油蟠桃、黄肉蟠桃、龙华蟠桃、农神蟠桃等。

5. 黄肉品种群　黄肉品种群原分布于陕西、甘肃、新疆、云南等省份，沿海罐桃加工原料基地已形成新的黄桃产区。果肉较紧，离核者软绵少汁，黏核者致密而韧，喜干燥、冷凉气候。主要优良品种有灵武黄甘桃、礼泉黄甘桃、叶城黏核黄桃、呈贡黄离核、火炼金丹等。

(二)植物学特性

1. 根系 根系为浅根性,水平分布直径与树冠相近,垂直根可深达60~80cm,吸收根多集中在25~45cm的土层中。一年中有2个生长高峰,第一次在7月底以前,是根最旺盛生长的季节,土壤温度到达26℃停止生长;第二次生长高峰在9~10月,但生长期较短,生长势较弱,土壤温度下降到11℃时停止生长,进入冬季休眠。如果条件适宜,桃根周年都可以生长。

2. 枝 枝按照功能分为生长枝和结果枝。生长枝根据长势又分为发育枝、徒长枝和叶丛枝。发育枝生长较旺盛,主要功能是形成树冠的骨架;生长过旺而不充实的为徒长枝,通过夏季修剪可形成健壮枝组;叶丛枝长度只有1cm左右,只有1个顶生叶芽,萌发时只能形成叶丛,不能结果。结果枝按其长度可分为徒长性结果枝(60cm以上)、长果枝(30~60cm)、中果枝(15~30cm)、短果枝(5~15cm)、花束状果枝(5cm以下),一般情况下,长果枝、中果枝的中上部和短果枝的上部花芽饱满,结果能力强。

3. 芽 芽有叶芽和花芽两种。叶芽具有早熟性,萌芽力和成枝力都很强。根据芽在枝条上着生状况可分为单芽和复芽。单芽可能是花芽,也可能是叶芽。复芽常2~3个着生在一起,2个芽着生在一起的,有一个花芽和一个叶芽;3个芽着生在一起的,中间为叶芽,两侧常为花芽。花芽分化是在新梢缓慢生长期开始的,花芽形成的全过程约需8~9个月。

花芽是纯花芽,开放时,每个芽大都只有一朵花,开花期一般在春季,日平均气温达到10℃以上,适宜温度为12~14℃。同一果枝上,顶部的花先开,坐果率高,果枝基部的花坐果率低。

4. 果实 果实生长曲线为双S形,即2个迅速生长期,中间有1个缓慢生长期。第一个果实迅速生长期自落花至核开始硬化,期间果实体积和质量迅速增加;硬核期为缓慢生长期,自核层开始硬化至完全硬化,这一时期胚进一步发育,而果实发育缓慢;果实生长后期为第二个迅速生长期,从核层硬化后至果实成熟前,一般在采前10~20d果实体积和质量增长都很快。

(三)对环境条件的要求

1. 温度 桃树对气候条件要求不太严格,但以在冷凉温和的气候条件下生长最好。一般北方品种群适宜栽植的地区年平均气温为8~14℃,南方品种群适宜栽植的地区年平均气温为12~17℃。桃树在冬季需要一定的低温才能完成休眠过程,通常以7.2℃以下时数计算,不同品种对低温的要求差异很大,大部分品种的需寒量为700~900h。冬季低温不足时,桃树萌芽开花延迟且不整齐。

2. 光照 桃树喜光,一般年日照时数为1 200~1 800h才能满足其生长发育需要。在整形时要注意培养开张型树冠,以利通风透光和正常生长发育,提高果实品质。

3. 水分 桃树最不耐涝,在排水不良或地下水位高的果园会引起根系早衰、叶薄、落叶、落果、流胶以至植株死亡。在土壤水分含量为田间持水量的60%~80%时,根系最适宜生长,土壤水分含量降到田间持水量的12%时,桃树叶片凋萎7%。在春季生长期中,特别是在硬核初期及新梢迅速生长期遇干旱缺水,会影响枝梢与果实的生长发育。

4. 土壤 桃树对土壤的要求不严,但以排水良好、通透性强的沙质壤土为最宜。最适宜的pH为5.2~6.8,pH>8.2时,常因缺铁而发生黄叶病,在有机肥少、排水不良的情况下更严重。桃树对土壤的透气性很敏感,土壤中含氧量低于2%时,须根就会逐渐死亡;土壤中含氧量保持在15%左右时,根系生长发育最好。

三、葡萄

葡萄在世界果品生产中占有极其重要的地位。葡萄主要生产国有西班牙、法国、意大利、土耳其、中国、美国、伊朗、罗马尼亚、葡萄牙和阿根廷等。

我国葡萄栽培遍及全国，但主要分布在新疆、河北、山东、辽宁、河南、山西、四川、浙江、陕西、江苏、安徽、湖北、天津、吉林等省份。著名的葡萄产地有新疆吐鲁番、和田，河北宣化、昌黎凤凰山，山西清徐和山东平度大泽山等。

葡萄果实可以鲜食，还可以加工（制酒、制汁、制干、制罐），加工剩余的种子和皮渣还可用来提炼单宁和高级食用油以及化工原料，尤其葡萄酒是重要的饮料酒。葡萄风味优美，含糖分、有机酸、蛋白质、无机盐、钙、镁、磷、铁、铜、锰等丰富的营养物质。有研究表明，葡萄中含有的白黎芦醇，对心血管病有一定的预防作用。

（一）类型与品种

葡萄属于葡萄科葡萄属，该属约有 109 个种，主要有欧洲葡萄、美洲葡萄、圆叶葡萄、河岸葡萄、沙地葡萄、山葡萄和刺葡萄等。

主要品种中，欧亚种有里扎马特（别名玫瑰牛奶）、红地球（别名大红球、晚红、美国红提）、赤霞珠、霞多丽、无核白等，美洲种有康可等。

（二）植物学特性

1. 根系 深根性，根系发达，为肉质根。繁殖方法不同，根系的发育特性各异。由种子繁殖的植株有主根，并分生各级侧根；用枝条扦插、压条繁殖的植株没有主根，只有若干条粗壮的骨干根。葡萄根系缺乏发生不定芽的能力，故没有根蘖的生长特性。根系垂直分布最密集的范围在 20～80cm 的土层内。根系在适宜的环境条件下可周年生长，一般情况下，每年有 2～3 次生长高峰（5～6 月和 9～11 月）。随着树龄的老化，根系逐渐衰老，发生新根的能力逐年减弱。

2. 茎 茎蔓生，主要有主干、主蔓、侧蔓、结果母枝、新梢和副梢。能抽生结果枝的一年生蔓称结果母蔓（或结果母枝），有花序的新梢称结果枝，无花序的新梢称发育枝。新梢上的夏芽当年萌发后称为夏芽副梢。茎由节和节间组成，茎的节间有横隔膜。在节位上还着生叶片和卷须，卷须是花序的一种变态器官。卷须在节上着生的规律依种类不同而不同，美洲种自第三节起连续着生，欧洲种则为断续着生。

3. 芽 葡萄的芽为混合芽，分冬芽、夏芽和潜伏芽。冬芽是由一个中心主芽和 3～8 个副芽组成的复合体，外被鳞片，具晚熟性，一般经过越冬后，翌年春季萌发生长。通常只有主芽萌发，当主芽受伤或者在修剪的刺激下，副芽也能萌发抽梢。夏芽是无鳞片保护的"裸芽"，具早熟性，不需休眠，在当年夏季自然萌发成副梢。潜伏芽一般不萌发。花芽一般一年分化一次，也可以一年分化多次。一般主梢枝基部 1～2 节的芽质量差，中、上部芽的质量好；副梢枝上的冬芽以基部第一个花芽质量最好。

4. 叶 栽培葡萄的叶为单叶、互生，由叶柄、叶片和托叶组成，形如掌状，通常 3～5 个裂片，裂片之间的缺口称为裂刻。同一新梢上不同节位的叶片，由于发生的时期不同，其大小和形状也不完全一致，因此在描述和区别品种时，以选取自基部向上第 7～9 节位的叶片为宜。叶片有 2 个生长高峰，第一个生长高峰在展叶后 4～6d，第二个生长高峰在 10～12d。秋天温度降到 10℃时，叶柄产生离层，叶片开始脱落。

5. 花 花有完全花（两性花）、雌花和雄花3种类型。完全花由花梗、花托、花萼、蜜腺、雄蕊、雌蕊等组成。花序为复总状花序，由花序梗、花序轴、花梗和花蕾组成。花序中部的花成熟得早，基部次之，穗尖的花成熟最晚。

6. 果实 果粒由果梗（果柄）、果蒂、外果皮、果肉、果心、种子和果刷等组成。果梗的长短与鲜果储运过程中落粒程度有一定的关系，长的果梗一般落粒轻。果皮厚的品种耐储运，果皮薄的品种成熟前久旱遇雨，易引起裂果。

（三）对环境条件的要求

1. 温度 葡萄原产于暖温带及亚热带地区，喜温暖干燥的气候。栽培上常采用有效积温来衡量不同品种在一年中对热量的要求，因此有效积温是一个地区品种选择的重要依据。葡萄在不同物候期要求的温度不同。芽眼萌发适宜的温度为10～12℃；新梢生长最迅速的温度为28～30℃；开花期温度不能低于15℃，开花期遇到14℃以下温度会影响授粉受精，35℃以上的持续高温会产生日灼；浆果生长期温度不能低于20℃。

2. 光照 葡萄喜光，对光照非常敏感。光照时数对葡萄生长发育、产量和品质有很大影响。光照充足时，植株健壮，花芽分化良好，产量高，品质好，同时树体的营养积累增多；光照不足时，新梢生长细弱，叶片变黄变薄，产量低，品质变劣，冬芽分化不良。

3. 水分 葡萄较耐旱，一些欧美杂种葡萄也较耐湿，一般年降水量600～800mm即能满足葡萄生长发育的需要。生长初期枝叶及花序生长需水较多（以土壤田间持水量的60%～80%为宜）；花期低温多雨则影响授粉受精，过于干燥会引起落花落果；浆果生长期要求较多的水分；浆果成熟期如雨水过多会降低果实品质，并影响花芽分化和新梢成熟。

4. 土壤 葡萄对土壤的适应性较强，在排水良好的沙质壤土上生长最好，黏质土不利于根系的呼吸并影响生长。对土壤的酸碱度适应范围较大（pH 5.0～8.0），含盐量不超过2‰生长正常，欧亚种耐盐碱力强，欧美杂交种喜中性或微酸性土壤，在高碱性的土壤上容易失绿。

四、猕猴桃

猕猴桃果实营养丰富，每100g鲜果肉中含维生素C 90～420mg，远高于柑橘、苹果和梨，还含有钾、钙、磷、铁、碘以及14种氨基酸。种子中含有亚油酸，有疏通血管的功效。

（一）类型与品种

美味猕猴桃有秦美、海沃德（Hayward）及其配套雄性品种或优株帮增1号、马吐阿（Matua）、唐木里（Tomuri）等。

中华猕猴桃有红阳、金桃、Hortl6A（又名早金）及其配套雄株磨山4号、郑雄1号等。

（二）植物学特性

1. 根系 浅根性，根系分布浅而广，水平分布强于垂直分布。成年树根系的水平分布范围为冠径的3～4倍，垂直分布以30～70cm的土层中最多。根系无休眠期，年周期中有2个生长高峰，第一个高峰出现在枝蔓迅速生长后的6月；第二个高峰出现在果实发育后期的9月。高温干旱的夏季和寒冷的冬季，根系生长缓慢或停止。

2. 芽 芽着生于叶腋间的海绵状芽座中，外面由数片黄褐色茸毛状鳞片包被。芽均为腋芽（腋生）、复芽，叶腋间通常有1～3个芽，中间较大的为主芽，两侧较小的为副芽。主芽萌发成新梢，副芽不易萌发而成潜伏芽；当主芽受伤或枝条重截后，副芽便萌发。有时主芽和副芽同时萌发，可在同一节上萌发2~3个新梢。潜伏芽的寿命较长，有的可达数十年之久。

花芽较易形成。花芽的生理分化一般在6~7月，冬季休眠前只完成了生理分化；花芽的形态分化则是在春季（一般在2~3月），与萌芽、新梢开始生长同时进行。其形态分化的时期短而集中，速度快，从芽萌动开始到展叶前结束，历时仅约20d。

花芽在结果母枝上的着生节位一般从基部第2~3节开始，直至第20节左右，通常以母枝中部的花芽抽生的结果枝结果最好。二、三次枝上也能形成花芽。雄株花芽在母枝上的着生节位，一般从基枝基部第1~2节开始，一直到第30~40节。

3. 枝 落叶藤本植物，蔓性生长型，蔓可长达10m左右。枝条没有卷须，短枝无攀缘能力，只有长枝的先端能缠绕其他物体而有攀缘能力，因此称为"枝蔓"或"枝条"。枝蔓的木质部组织疏松，中央有很大的髓部。

4. 叶 单叶，互生，叶片大而薄，纸质、半革质或革质。叶形变化较大，有圆形、近圆形、扁圆形、椭圆形、矩圆形、卵圆形、倒卵圆形等，叶缘锯齿状。叶的两面是否被毛，毛的硬、软及形状等成为区别品种的特征之一。

5. 花 花着生在结果枝的叶腋处。雌花的着生节位多靠近基部第2~7节；雄花的着生节位在第1~9节，但以下部第1~5节的叶腋间居多。

花从形态学上看是两性花，但却是生理学上的单性花，雌花雄蕊退化，雄花雌蕊退化，为雌雄异株的果树。

6. 果实 猕猴桃是结果期早和丰产性强的果树。实生苗3~4年开始开花结果，6~7年后进入盛果期；嫁接苗第二年就可以开花结果，4~5年后便可进入盛果期。

果实为真果，子房上位，是由多心皮发育而成的浆果，由外果皮（心皮外壁）、中果皮（果肉）、内果皮（心皮内壁）、种子和中轴胎座组成。可食部分为中果皮和胎座，果实由34或35个心皮组成，呈放射状排列，每个心皮内有11~45个胚珠，胚珠着生在中胎座上，一般形成两排。每果种子数一般为200~1 200粒。

（三）对环境条件的要求

1. 温度 大多数种类要求温暖湿润的气候。其分布区的年平均气温为11~20℃，极端最高气温42.6℃，极端最低气温-20℃，>10℃有效积温4 500~5 300℃，无霜期160~290d。

不同种类和发育阶段对气温的要求不同。中华猕猴桃正常生长发育要求14~20℃年均气温，而美味猕猴桃13~18℃即可。美味猕猴桃的芽萌动要求10℃左右，开花15℃以上，坐果则要20℃以上。当秋季气温下降到12℃左右时，即落叶进入休眠。

2. 光照 猕猴桃属于中等喜光果树。幼苗期喜阴凉，忌阳光直射；成年树需要较多的阳光。猕猴桃喜漫射光，以自然光的40%~45%为宜。猕猴桃自然分布区的年日照时数大多为1 300~2 600h。

3. 水分 猕猴桃生理耐旱性弱，对土壤水分和空气湿度要求较严格。在干旱、缺水和高温条件下，叶小、黄花，新梢生长缓慢或停止，叶片凋萎或叶缘焦枯，大量落叶、落果，严重时引起全株枯死。猕猴桃也不耐涝。如果土壤积水，其肉质根的根皮易变黑褐色而腐烂，影响养分的吸收，最终导致树死亡。花期低温多雨，常影响蜜蜂等昆虫的活动，不利于授粉、受精和坐果，并引发病害。

4. 土壤　猕猴桃对土壤适应性较强，几乎各种土壤都能栽种，但在土层深厚、疏松肥沃、排水良好、腐殖质含量高的沙质土上生长良好。适宜的土壤pH为5.5～6.5。

五、柿

柿科落叶乔木，主产地有河北、北京、河南、山东、山西等省份，主要品种如北京盘柿、山东牛心柿、江苏方柿等。

（一）类型与品种

涩柿类，果实成熟时在树上不脱涩，需采后人工脱涩方可食用。品种有磨盘柿（又名盖柿、箍箍柿、腰带柿、重台柿）、水柿（又名月柿、饼柿）、安溪油柿、江山无核蜜柿、兰溪大红柿、千岛无核柿、无核长方柿等。

甜柿（甘柿）类，果实成熟时在树上可以自然脱涩。品种有伊豆、松本早生、次郎、前川次郎、富有、新秋等。

（二）植物学特性

柿生长强盛，有中心干，树高大。嫁接苗栽植后4～5年开始结果，10年后渐入盛果期。树高多在7m以下。一般涩柿生长强，易成大树，甜柿生长较弱，树冠开张，较矮小。幼年生长旺盛，至约15年树冠形成后，生长显著减弱，20年后大枝有更新现象，由于隐芽极易萌发，更新易而次数多，故寿命长，至老年仍能维持相当的产量。

柿的雌花生于当年生新梢的叶腋。凡有雌花的新梢称结果枝，这些结果枝所着生的上年生枝称为结果母枝。结果母枝长7～30cm，大多数为上年生充实的春梢，其顶部的芽有1个或几个分化成混合芽，越冬至春季，自这些混合芽发生结果枝，普通柿在第3叶腋起开始生雌花。每个结果枝雌花少则仅1个，多则会连续着生约12个，但以1～3个为最多。结果枝常于生最后一个雌花后，其上再伸展生4～5叶，其先端即自枯，停止生长。结果母枝长且强者较短弱者混合芽发育良好，其所生结果枝生花多，而在同一结果母枝有多个混合芽的，一般顶端的最充实，其下依次较弱，故自母枝顶端所生结果枝花数常最多，自此渐下则花数渐少。但也有因混合芽在母枝上的方位不同，下部的芽所生结果枝有时反较上部的芽所生结果枝生花多。凡结果枝在生花之节无腋芽的，则不能抽生枝梢，更新枝需自基部和先端无花的节抽生。

（三）对环境条件的要求

1. 温度　柿适宜温暖气候，但在休眠期耐寒力很强，冬季最低温度降至−14℃，无任何冻害，且能忍耐短期−20～−18℃的低温。因此，在华北和西北各地都可栽培。但长期在−20℃以下时，枝梢会受冻害。甜柿耐寒力较涩柿弱，生长期（4～11月）平均温度需在17℃以上，故适宜于暖地。如果在北方较冷的地区，因温度低，果实自然脱涩缓慢，往往在树上不脱涩而成涩柿，且着色也较劣。在甜柿的成熟期（8～11月），平均温度18～19℃时果实品质较高；当温度高达20℃以上时，果皮粗糙，果肉褐斑较多，品质降低。故在我国，甜柿最宜于长江流域和云贵一带栽培。柿开花期迟，花与果一般不会受晚霜危害，但幼叶有时会受害。秋季早冷地区对果实发育不利，尤以甜柿脱涩困难，品质劣。

2. 水分　柿原产于多雨的长江流域，但在华北地区经长期栽培驯化，也能适应干旱气候，在我国形成了南方和北方两个品种群。南方品种群耐湿，北方品种群耐干抗寒。无论南方或北方品种在果实成熟期均喜干燥和阳光充足，而要求适宜温度。我国北方秋季温度并不很低，而雨少，日照多，故柿的品质反胜于南方。

生长期雨量过多，常引起枝梢徒长，妨碍花芽形成。开花期多雨阻碍授粉受精，易引起落花落果。幼果发育期多雨，日照不足，则会阻碍同化作用，易引起生理落果，因此多雨而日照少，对柿栽培不利。但夏秋季在果实生长期久旱，又不灌溉，则土壤太干，果实发育受阻碍，甚至引起落果。因此，在南方多雨期应注意排水，而在夏秋干旱期或北方干旱地区需灌溉。

3. 土壤 柿对土壤不苛求，宜缓坡地，以土层较深、石砾较多的黏质或沙质壤土为好，在含腐殖质适度的土壤上生长良好，丰产，果实品质优良。

六、柑橘

柑橘是我国南方重要的果树，亚热带地区各国均有栽培，柑橘果实色香味兼优，果汁丰富，营养价值高。柑橘也是医药及食品工业的重要原料，果肉可制罐头、果酱、果汁（为世界三大饮料之一）、果酒等，果皮和橘络均可入药。

（一）类型

柑橘种类有甜橙类、宽皮柑橘类、柚类、柠檬、金柑以及近年引进的杂交柑橘类等，其中以甜橙、宽皮柑橘类为主。

（二）植物学特性

柑橘果树从种子萌发或嫁接苗接穗发芽到植株生长、开花结果、衰老死亡，一生中要经历营养生长期、生长结果期、盛果期、果实发育和成熟期4个生物学时期。

1. 营养生长期 营养生长期又称幼树期，是指从种子萌发或嫁接苗接穗发芽到树冠形成、初次开花结果这段时期。这段时期树冠生长旺盛，枝梢先直立生长，分枝后形成树冠骨架，一年抽生3~4次新梢；前期主根垂直生长快，后期水平侧根迅速生长。柑橘幼树开花结果年限的长短与品种、繁殖方法、砧木种类和栽培管理水平有关。

2. 生长结果期 幼树随其树冠和根系的增长，营养生长逐渐缓和，植株光合产物有一定的积累转化，植物激素参与生理调节，幼树进入结果期。结果后，营养生长开始减弱，果实产量逐年增加，称生长结果期。这段时期树冠和地下根系继续迅速扩大，新梢生长仍很旺盛，花量较少。随着主、侧枝增加，枝条开张角度增大，树冠横向生长加快，侧根特别是水平侧根和须根迅速增加。树冠内外部均开始坐果，产量逐渐增加，果实品质不断提高并渐趋稳定，营养生长与生殖生长趋于平衡。

3. 盛果期 树冠和根系的离心生长缓慢，树冠扩大到较大限度，大量枝组不断抽生、衰老与更新，树体营养生长与开花结果平衡，产量稳定。

嫁接树一般40年后进入衰老更新期。此期树势衰退，新梢短而弱，大枝先端枝组开始干枯，经过几次更新后陆续死亡；内膛逐渐空秃，并发生少量徒长枝，根系逐渐老化死亡；树冠和根系均呈向心生长，结果少，果实小。

结果枝和结果母枝。开花结果的当年生枝称结果枝，孕育和分化花芽抽生结果枝的枝梢称结果母枝。春梢、秋梢通常是优良结果母枝。抽生较晚的秋梢和冬梢，养分不足，也不易分化花芽。

花芽分化可分为生理分化和形态分化。生理分化在形态分化前20d左右进行，在外界条件（日照、温度等）和内部因素（激素平衡）调节影响下，物质从量变到质变，营养芽转变为花芽，进入花芽形态分化期。一般来说，低温、干旱是诱导柑橘开花的主要条件，秋季气温高，冬季有一定的低温，则花量增多。通常9月下旬到10月上旬是春梢花芽分化临界期；12月上旬半数处于分化期；2月中旬半数以上处于萼片期，并部分出现小花蕾；3月上旬已基本分化完毕，全部显蕾；3月下旬至4月上旬为蕾期；4月中旬至5月初为盛花期。秋梢约晚40d开始分化，但分化速度快，2月上旬便超过了春梢。一般萌芽早的品种，花芽分化亦早，橘类和柑类较甜橙萌芽晚，其花芽分化也晚20～30d。

4. 果实发育和成熟期　花谢后幼果开始发育，最初增长较慢，6月初以后果实迅速膨大，出现体积增长的第一次高峰；果实第二次增长高峰在8月下旬至9月上旬；9月中旬至10月中旬是第三次增长高峰。10月初果皮类胡萝卜素渐渐显现，果皮开始着色。10月下旬，果实缓慢增大，果皮颜色进一步转化，果胶、淀粉及其他多糖类物质水解，果肉逐渐软化，果汁增多，糖分积累，酸量相对减少，维生素C增加，芳香物质积聚在果皮、果肉、精油中，转入果实成熟期。果实完全成熟时，风味品质和果色达到该品种的固有特性。

（三）对环境条件的要求

1. 温度　柑橘生长最适温度为23～29℃，生理活动的有效温度为12.8～37℃，低于12.8℃或高于37℃都会使生理活动处于抑制状态而停止生长。根系生长要求的温度和地上部相似，但其生理活动的最适温度为17～26℃。

2. 光照　柑橘属耐阴性较强的植物，喜散射光，一般要求年日照时数大于1 200h，以1 400～1 800h生长表现和果实品质为佳。不同种类对光的需求有差异，橘类要求生长在光照比较充足的地区，其次为甜橙类，柚类则相对较耐阴。

3. 水分　柑橘要求年降水量1 000～1 500mm。根系活动期适宜的田间持水量为60%～80%，生长期要求雨水均衡供应，花期和花芽分化期适当控水有利于开花结果，果实膨大期则需要充足的水分促进果实发育和增大。

4. 土壤　柑橘喜微酸性至中性的壤土，以pH 5.5～6.5为宜。过酸或过碱的土壤不利于柑橘生长发育，尤其碱性土易导致植株缺铁黄化、生长弱、结果差。柑橘根系大多分布在10～60cm土层中。

七、香蕉

香蕉果实质地柔软，清甜而芳香，营养价值高，可制香蕉酱、香蕉粉和酿酒。此外，香蕉的新鲜假茎、叶和花蕾可作猪饲料；茎叶富含纤维，可造纸、制绳或用作麻织代用品，茎叶含钾量很高，粉碎后可以还田。

目前，香蕉栽培在南北纬30°以内的地区，尤以热带和亚热带地区为主要的经济栽培区域。我国主产地有广东、广西、福建、台湾、云南、四川等省份。

（一）类型与品种

香蕉是食用蕉（甘蕉）的俗称。食用蕉包括鲜食蕉和煮食蕉2个类型，按照香蕉植株形态的特征，鲜食蕉可分为香牙蕉（香蕉）、大蕉、粉蕉和龙牙蕉4个类型。因香蕉（香牙蕉）栽培广泛，经济效益好，故常以香蕉作为食用蕉的总称。

栽培品种有大种高把（又称身高把、高把香牙蕉）、大种矮把、油蕉、矮脚顿地雷、矮香蕉、那龙香蕉、天宝蕉（又称矮脚蕉、本地蕉、度蕉）、云南高茎香蕉等。

（二）植物学特性

香蕉为多年生常绿大型草本植物，其高度因品种及栽培环境条件而异，1.5～6.0m不等。香蕉具有多年生的地下茎，无主根。地下茎是一个粗大的球茎，其上着生一层紧裹着叶而形成的地下部假茎。假茎上部着生叶片，新叶由假茎中心抽出后在顶部展开。在植株生长的后期才形成真茎，即花芽分化形成花序时，由地下茎的顶端分生组织向上伸长而成，在真茎顶端则为顶生花序。在结果一次后地下部便枯萎，由地下茎抽生吸芽延续后代。

1. 根系　香蕉的根系是地下球茎所抽生的细长肉质不定根，常2～4条为一组并生。在球茎的上部长出的根较多，在近地面10～30cm的土层中，水平根伸展宽度可达1～3m，常常超过地上部叶展的宽度。从球茎底部抽出的根不多，垂直向下生长，深度可超过1.0m。新根白色，老根淡黄色，质脆易折，表皮是薄壁细胞组织，缺少形成层组织。分生的幼根上有吸收作用的根毛。

2. 茎　地下茎是芽眼及吸芽着生的地方，又是整个植株的养料存储中心。有几种维管束组织密集在球茎内（在中心柱与皮层相接的地方较多），是整个植株中最重要的器官。地下部叶片开始抽大叶时，地下茎也加速生长。地下部生长的旺盛期，也是地下茎生长最快速的时期。

假茎为层层紧压着的覆瓦状叶重叠形成，起着支持和运输作用。地下茎的顶端分生组织的生长点，在植株花芽形成阶段，迅速向上生长，在假茎中心伸出，其上着生叶片及顶生花序。地上茎的组织和球茎一样，都是以白色的薄壁细胞为基础，也分中心柱和皮层两部分，但皮层厚度大大减小，且只有叶迹维管束与根、叶、果的疏导系统联系。

3. 芽　芽眼多着生于球茎中部或中上部，其抽生次序一般是下部的先抽生，越后抽生的越接近地面。芽眼生长发育成为吸芽。吸芽早期生长依靠母株球茎的营养，但不久便形成自己的球茎及根系。

4. 叶　叶的排列为螺旋式互生，叶鞘接近叶片的部分逐渐收缩为叶柄，假茎横断面叶片的中脉是浅槽形，可使雨水下渗来润滑上升中的新叶和花序。叶片长而宽，刚抽生时左右叶片互相卷成圆筒形，筒顶闭合。当整个叶片都抽生后，叶身开始自上而下张开。

5. 花　香蕉周年开花，其花芽分化不受日照时数或温度的影响。植株叶出生快，叶面积增大快，全株达到最大面积早则花芽分化早，反之则迟。在一定的叶数范围内，其叶面积达最大时，花芽便能分化。例如，广东珠江三角洲的高把香蕉抽出20～24（多数为21～22）片大叶时花芽分化，抽生28～36片大叶时即可开花。气温高、水肥充足，则叶出生快，叶面积增大快，花芽分化可提早。吸芽生出28～30片正常大叶即可抽蕾。

花序从假茎抽出后，因质量关系即转向下垂生长，而在苞片开展后，花被及柱头脱落时，子房开始逐渐转向，变为背地性生长。这种指向天空的背地性越强，果实贴伏于果轴就越紧，在运输时，果实就越不易受损。

6. 果实　果实为浆果，果肉未熟时富含淀粉，催熟后，转化为糖类。果皮与果肉未熟前含有单宁，熟后转化。香蕉的栽培种是单性结实，果实没有种子。野生蕉经授粉则有种子，广东、海南和云南的野生蕉，果肉小且有很多硬质的黑色种子，外有一层薄薄的果肉。栽培的大蕉和牛奶蕉，偶尔也有种子。

（三）对环境条件的要求

1. 温度 香蕉适于热带和亚热带地区的气候条件，是热带果树中较能经受较低温度的一种。香蕉是多年生常绿大型草本植物，整个生长发育期都要求高温多湿。生长温度为15.5～35.0℃，最适温度为24～32℃。10～12℃低温，对植株生长即有不良的影响，果实生长缓慢，果瘦小而品质差。

2. 水分 香蕉的叶片宽大，生长速度快且生长量大，故要求大量的水分。但其需水量因生长期而异，以生长旺盛期需水最多。又因其根浅，不耐旱，土壤中要经常有水分供应。每月平均最低限度要有100mm的雨量，比较理想的是200mm。反之，如果水分过多，则根系呼吸困难，吸收养分少，甚至窒息而死，雨水过多季节要注意排水。

3. 土壤 香蕉对土壤的选择不太严格，土壤pH 4.5～7.5都适宜，以pH 6.0以上为最适。无论山地还是平原，各种不同的土壤，都能生长。但所获得的产量，则明显不同。其中大蕉、粉蕉、牛奶蕉等的根群粗壮，虽土质稍差，也能生长，但忌积水。根群较细嫩，对土壤的选择比较严，黏质土及沙质土皆不适宜，宜选物理性状良好、有团粒结构、富含有机质，肥沃、疏松、土层深厚，水分充足而排灌良好和地下水位比较低的黏壤土、沙壤土，尤以冲积壤土或腐殖质壤土为最宜。

八、火龙果

火龙果是仙人掌科量天尺属量天尺的栽培品种，攀缘肉质灌木，具气根。分枝多数、延伸，叶片棱常翅状，边缘波状或圆齿状，深绿色至淡蓝绿色，骨质。花漏斗状，于夜间开放；鳞片卵状披针形至披针形；萼状花被片黄绿色，线形至线状披针形，瓣状花被片白色，长圆状倒披针形；花丝黄白色，花柱黄白色。浆果红色，长球形，果脐小，果肉白色、红色。种子倒卵形，黑色，种脐小。7～12月开花结果。

火龙果分布于中美洲至南美洲北部，世界各地广泛栽培，藉气根攀缘于树干、岩石或墙上，海拔3～300m。

分枝扦插容易成活，常作嫁接蟹爪属、仙人棒属和多种仙人球的砧木，花可作蔬菜，浆果可食，商品名"火龙果"。

（一）植物学特性

1. 根系 火龙果为多年生攀缘性的多肉植物。植株无主根，侧根大量分布在表土层，同时有很多气生根，可攀缘生长。

2. 茎 根茎深绿色，粗壮，长可达7m，粗10～12cm，具3棱。棱扁，边缘波浪状，茎节处生长攀缘根，可攀附其他植物而生长，肋多为3条，每段茎节凹陷处具小刺。由于长期生长于热带沙漠地区，其叶片已退化，光合作用由茎承担。茎的内部是大量饱含黏稠液体的薄壁细胞，有利于在雨季吸收尽可能多的水分。

3. 芽 芽内有数量较多的复芽和混合芽原基，可以抽生为叶芽、花芽。花芽发育前期，在适宜的温度条件下，可以向叶芽转化。而旺盛生长的枝条顶端组织，也可以在适当的条件下抽生花芽。

4. 花 花白色，子房下位，巨大，花长约30cm，故又有霸王花之称。花萼管状，宽约3cm，带绿色（有时淡紫色）的裂片；具长3～8cm的鳞片；花瓣宽阔，纯白色，直立，倒披针形，全缘；雄蕊多而细长，可达700～960枚，与花柱等长或较短。花药乳黄色，花丝白色；花柱粗，0.7~0.8cm，乳黄色；雌蕊柱头裂片多达24枚。

5. 果实 果实长圆形或卵圆形，表皮红色，肉质，具卵状而顶端急尖的鳞片，果长10~12cm，果皮厚，有蜡质。果肉白色或红色，有近万粒具香味的芝麻状种子，故又称为芝麻果。

火龙果因外表像一团愤怒的红色火球而得名。果肉就像香甜的奶油，但又布满了黑色的小籽，质地温和，口味清香。

（二）对环境条件的要求

火龙果为热带、亚热带水果，喜光耐阴、耐热耐旱、喜肥耐瘠。在温暖湿润、光线充足的环境下生长迅速，春夏季露地栽培时应多浇水，使其根系保持旺盛生长状态，在阴雨连绵天气应及时排水，以免感染病菌造成茎肉腐烂。其茎贴在岩石上亦可生长，植株抗风力极强，只要支架牢固可抗台风。

火龙果耐0℃低温和40℃高温，生长的最适温度为25~35℃。火龙果可适应多种土壤，但以含腐殖质多、保水保肥的中性土壤和弱酸性土壤为好。

第二节 果树的选择及配植

正确选择果树种类和主栽品种，是现代果树生产的重要决策之一。在生产实践中，当地气候和土壤条件、果树栽培的历史和现状、野生果树和近缘植物生长状况等，都可以作为选择适栽树种和品种的参考。一般选择当地原产或已经试种成功、栽培时期较长、经济性状较好的树种和品种。从外地引进新的种类和品种时，必须了解其生物学特性，尤其是对立地条件的要求。因此，应首先通过试种，在试种成功的基础上才能大规模发展，以免造成不必要的经济损失。

一、果树的选择

树种和品种的配植，原则上要求主栽的果树种类和品种应具有优质、高产、多抗和耐储运的特性。在山地，地形、土壤和小气候条件复杂，要因地制宜配植相适应的树种，使果树的生物学特性与环境条件得到统一。在同一果园内，应以一种果树为主；同一树种应适当考虑不同成熟期的品种的搭配（早熟、中熟、晚熟品种），主栽品种一般要占80%以上。

仁果类中的苹果、梨，核果类中的李、甜樱桃，坚果类中的栗，柑橘类中的柚等果树，均有自花不实的特点；部分樱桃、李品种即使异花授粉也不结实；银杏、香榧、杨梅、猕猴桃、柿等果树常常雌雄异株；有些果树，如大部分桃和柑橘品种、龙眼、荔枝、枇杷，虽然自花结实，但异花授粉可以明显提高结实率。部分桃品种因本身无花粉，如砂子早生等，必须异花授粉才能坐果。因此，生产上许多果树种类和品种需要配植授粉树。但有些果树种类和品种，如柑橘中的脐橙，当种子缺乏或中途退化以后，其果实仍可正常发育，且结果状况也能满足生产要求。为了生产无核果实，这类果园不必配植授粉树，否则，反而会降低无核果率。此外，有些品种授粉后，花粉在当年能直接影响种子或果实的性状，这一现象称为花粉直感。前者为花粉种子直感（如板栗），后者为花粉果实直感（如梨）。这一现象在选择授粉品种时也应加以考虑。

授粉树与主栽品种的距离因传粉媒介而异,以蜜蜂传粉的品种(如苹果、梨、柚等果树)应根据蜜蜂的活动习性而定。据观察,蜜蜂传粉的品种与主栽品种间最佳距离以不超过50~60m为宜。杨梅、银杏、香榧等雌雄异株的果树,雄株花粉量大,风媒传粉,且雄株不产生果实,因此多将雄株作为果园边界树少量配植,在地形变化大的山地果园,作为防风林树种配植。作为辅栽品种授粉时,一般为总数的10%~20%。

授粉树在果园中心配植,通常有以下几种方式:①中心式。适合小型果园,果树以正方形栽植时,常用中心式配植,即一株授粉品种在中心,周围栽8株主栽品种。②行列式。适合大中型果园,即配植授粉树,沿小区长边按树行的方向成行栽植。③等高栽植。梯田坡地果园可按等高梯田行向成行配植。

两行授粉树之间的间隔行数,仁果类多为4~8行,核果类多为3~7行。处于生态最适宜的果园,相隔的行数可以多些,间隔距离可以远些。生态条件不很适宜地区(如花期常有大风或低温危害),间隔的行数应适当减少,间隔距离相应缩短。

关于授粉树在果园中所占比例,应视授粉品种与主栽品种相互授粉亲和情况及授粉品种的经济价值而定。授粉品种的经济价值与主栽品种相同,且授粉结实率都高,授粉品种与主栽品种可等量配植;若授粉品种经济价值较低,在保持充分授粉的前提下低量配植。

二、果树的栽植

(一)栽植前的准备

1. 土壤改良　休闲农业一般在山地、丘陵地、海涂、沙滩地等理化性状不良的土地上发展果树生产。为了实现优质、高产和高效益的目标,在果树栽植前应深耕或深翻改土,并同时施用腐熟的有机肥或新鲜的绿肥。

2. 定点挖沟(穴)　在修筑好水土保持工程和平整土地以后,按预定的行距、株距标出定植点,并以定植点为中心挖定植穴。定植穴直径和深度一般为0.8~1m,密植果园可挖栽植沟,沟深和沟宽均为0.8~1m。无论挖穴或挖沟,表土和心土都应分开堆放。心土与粗大有机物和行间表土混合后回填于50~70cm的土层,行间穴外表土与有机肥混合后回填于20~50cm的土层(根系主要活动层,要求"匀"),表土与精细有机肥混合后回填于0~20cm的土层(苗木根系分布层,要求"精")。注意不要将心土回填在苗木根系周围,也不能将肥料深施或在整个栽植沟(穴)内混匀,重点是保证苗木根系周围的土壤环境。此外,回填沉实最好在栽植前1个月内完成。

3. 苗木和肥料准备

(1)苗木准备。在栽植前应进行品种核对和苗木分级,剔除劣质苗木。经长途运输的苗木,应立即解包并浸根一昼夜,待根充分吸收水分后再进行栽植或先假植,到时再正式定植。

(2)肥料准备。按每株50~100kg的标准,将优质有机肥(添加磷肥)运到果园分别堆放。

(二)栽植时期

果树苗木一般在地上部生长发育停止或相对停止,土壤温度在5~7℃以上时定植。南方亚热带常绿果树宜在地上部生长发育相对停止时定植,如华中地区秋植时期一般为9~10月,春植在1~3月均可;而华南地区一般秋植在8~9月。北方落叶果树除冬季土壤结冻期以外，自落叶开始至翌年春季萌芽前均可栽植。在冬季不太严寒的地区，以秋植为好，甚至可在落叶前带叶栽植。但在严寒地区则以春栽较好，当土壤解冻后，春栽的时间越早越好。

（三）栽植方式

栽植方式决定果树群体及叶幕层在果园中的配植方式，对土地利用和田间管理有重要影响。常用栽植方式有如下几种。

（1）长方形栽植。这是我国广泛应用的一种栽植方式。特点是行距大于株距，通风良好，便于机械管理和采收，同时可提高果实品质。

（2）等高栽植。等高栽植适于坡地和修筑有梯田或撩壕的果园，是长方形栽植在坡地果园中的应用，这种栽植方式的特点是行距不等，而株距一致，且由于行向沿坡等高，便于修筑水平梯田或撩壕，有利于保持果园水土。

（3）计划密植。将永久树和临时加密树按计划栽植，当果园行间将密闭时，及时缩剪，直至间伐或移出临时加密树，以保证永久树的生长空间。这种栽植方式可以提高单位面积产量，增加早期经济效益，但建园成本较高。计划密植在我国各地密植果园中已开始广泛应用。

除上述栽植方式外，还有正方形栽植、三角形栽植、带状栽植、篱壁式栽植等方式，但生产上应用较少。

（四）栽植密度

我国果树种类、品种的砧木繁多，气候、土壤条件复杂多变，栽植方式和栽培果园也表现多种多样，这些因素都会影响果园栽植密度。

1. 树种、品种和砧木的特性　不同树种和品种的生长特性不同，树高和冠幅的差异较大。一般树冠大的，其株行距也应加大，反之亦然。此外，砧木对接穗的生长势和树冠大小有显著影响，一般乔化砧树体高大，矮化砧树体矮小。

2. 立地条件　在土层深厚且肥沃、雨量充沛、气候温和、生长期长的地区，果树树冠较大，栽植密度可适当小一些；而在土壤瘠薄、干旱多风、生长期短的地区，树冠偏小，栽植密度也相应增大。此外，平原和山麓地带，立地条件较好，容易形成大树冠，而随着相对高度增加，坡度变陡，生长条件逐渐变差，树冠也相应变小，其栽植密度也应根据树冠大小做出相应调整。

3. 栽培技术　栽培方式、整形方式、修剪方法、肥水管理水平等对树冠大小的影响较大，应根据不同情况确定适宜的栽植密度。

三、果树的整形修剪

果树整形修剪是根据果树生物学特性，结合一定的自然条件、社会经济条件、栽培制度和管理技术水平，通过修剪，培养果树在一定空间范围内，形成有较大的有效光合面积、能担负较高的产量、便于管理的丰产树体结构。应用剪枝、扭梢、摘心等技术措施，调节树体养分、水分的运转和分配，改善光照条件，调节果树器官间的数量、质量、性质和分布，以平衡营养生长与生殖生长间的关系，达到高产、优质、低耗、高效的目的。

（一）整形修剪的作用与影响

1. 调节生长与结果的关系　果树营养生长是结果的基础，而结果又会抑制营养生长。在处理适当的情况下，修剪有利于生长，也有利于结果。对二者的实际影响，则取决于树的年龄及采用的修剪方法、程度和时期。修剪作用的大小、好坏，可通过各种修剪反应来判断。

（1）幼树期。冬剪往往促发强枝，剪得越重，剪口处的局部反应越明显，距剪口越远，反应越小。冬剪对局部有促进作用，但对全树总生长量却有削弱作用。连年重剪，枝条旺长，营养消耗多，积累少，不利于花芽形成和结果。对于不易结果的品种，要采取有利于结果的树形和修剪方法，加大骨干枝角度、轻剪缓放、夏季促花等各种措施。

（2）幼树至初果期。如果为了促生结果枝，可轻剪长放，改变枝条方向，拉平、下压，使之缓和生长势，促生中、短枝。为了促进生长，则要适当重剪，减少枝量，刺激抽生强枝。夏季修剪的主要作用是抑制果树旺长，改善树冠光照，促进分枝、成花和枝组的形成。因此，一般在幼树至初果期采用较多，效果也明显。

（3）盛果期。盛果期多数表现为短枝比例大，结果多，树势弱。细致修剪后，花芽和生长点减少，营养集中，生长变强。剪得轻而粗放，花芽留量大，结果过多，产量虽高，树势显著变弱，易形成大小年。所以，在盛果期，主要是控制枝量，保持短枝条更新的适宜比例，保留适宜的花、叶芽比，才能达到稳产壮树的目的。

（4）衰老期。衰老期主要是更新复壮，去弱留强，去老留新，集中养分供应，培养新的枝组，恢复结果能力。

2. 调节树冠光照状况　果树一般只能利用截获的全部光能的1%～2%，若能提高到3%的话，产量会大幅度提高。一般果树叶面积指数达3～5就基本可保证正常光照条件和丰产优质。叶面积指数过大会恶化树间和树冠下层光照，降低产量和质量。因此，必须通过各种行之有效的修剪方法，及时控制或促进叶面积的消长，以取得稳产优质的效果。

果树树冠光照由上向下逐渐减弱。自然树冠内膛，光照只有冠顶的1%～2%；小冠树的下层光照占全光照的30%～35%，叶片光合作用强，除叶片自身消耗外，光合产物有一定积累。通过修剪，可以控制叶幕层和打开光路，使树冠保持稀、疏结果，达到枝枝见光、"树下有花影，对面能见人"的状况。

光照对果实产量和分布有显著影响，也与果实着色有直接关系。如山坡地阳光充足，果实着色好，风味浓。在一株树上，光照达全日照70%以上时，果实着色最好，40%～70%时有一定着色，40%以下不易着色；对产量、品质和花芽分化来说，光照应保持在全日照的50%左右。为了提高果树的光合作用，必须从改善光照条件、扩大有效叶面积、提高叶片质量和叶功能、延长光合时间入手，通过整形修剪，选择适宜的树形和合理的树体结构，以及正确的修剪方法达到上述目的。

3. 改变果树营养和水分状况　枝条里储存的营养基本上是糖类和含氮物质，修剪部位组织中氮和水有所增加，未剪截的部位淀粉和糖类含量高，随着修剪程度加重，其影响越显著。

果树萌芽、发枝、成花、结果等生命活动，均与树体内激素和酶的存在有关。如赤霉素、乙烯、激动素和脱落酸等，广泛分布于生长旺盛的器官（根尖、茎尖、幼叶、花、果）中，能促进或抑制生育过程。短截枝条，剪去先端，暂时减少了生长素的供应，排除了激素对侧芽的抑制作用，因而促进了侧芽的萌发；在枝、芽上环剥、刻伤，切断了激素向下运输的通道，因而促进了这些枝、芽的萌发。常用开张角度、弯枝、扭梢等措施，影响激素的运输与分布。修剪改善光照后，激素运输加快；重剪可以提高酶的活性，如过氧化氢酶，从而消除代谢中产生的过氧化氢的毒害，提高了果树的代谢能力。

（二）果树的常见树形

1. 自然开心形 该树形没有中心干，主干上错落着生主枝，主枝上着生侧枝，结果枝分布在主侧枝上。这种树形生长健壮，结构牢固，通风透光良好，结果面积大，适于喜光的核果类果树，梨和苹果也有应用。

2. 主干疏层形 该树形主要由主干、中央领导干、主枝、侧枝、辅养枝等构成。树高3m左右，有主枝6~7个，主枝自下而上按3、2、1、1的次序，螺旋形分层排列在中央领导干上，最下边的称第一主枝，向上依次称第二主枝、第三主枝……其骨架牢固，树冠大，占有空间多，光能利用率高，长势均衡，各种类型枝分布合理，结果部位多，负载量大，单株与单位面积产量高，寿命长；但整形时间长，结果偏晚，只适宜于株行距4m以上的稀植果园。

3. 纺锤形 该树形具有宜立中心干，配10~12个侧枝，主枝上不安排侧枝，结果枝直接着生在主枝上。主枝角度开张，一般不分层，均匀分布，枝展小，树冠呈纺锤形，树高达到要求后需及时露头。这种树形结构简单，整形容易，修剪量轻，结果早，树冠狭长，适宜在密植果园应用。

4. 自然杯状形 该树形结构特点是三股六杈，六杈以上不再分杈，而自然延伸。从主干上分生3个一级主枝，每个一级主枝上再培养1~2个二级主枝。培养1个二级主枝的是单条独伸，培养2个二级主枝的，是顶部平均分为两股杈，以后各枝逐年延伸。在培养主枝的同时，再培养几个内侧枝、外侧枝、旁侧枝。外侧枝分别着生在各级主枝的外侧；旁侧枝为平侧，即与主枝的开张角度一致；内侧枝着生在主枝内侧，数目不等，有空就留，互不遮阳。各主侧枝间距离应保持1m以上，主侧枝上着生结果枝和结果枝组，各主枝之间的开张角度以45°为宜，各侧枝之间的开张角度以70°~80°为宜。

5. 自然扇形 该树形无主干，几个主蔓自地面直接发出，主蔓留侧蔓或不留侧蔓而直接着生结果枝组和结果母枝。各主蔓的粗度、长度、年龄可不相同，便于随时培养和轮流更新；主侧蔓均匀分布于架面，呈自然扇形。结果母枝可用长、中、短梢混合修剪，适合大小不同的棚架和篱架。

葡萄花果管理　　　葡萄夏季修剪　　　葡萄冬季修剪

【思考题】
1. 常见果树有哪些类型？
2. 如何选择休闲农业园区果树的种类和品种？
3. 为什么要进行果树修剪？

CHAPTER4 第四章
蔬菜配植技术

 教学目标

1. 认识常见的蔬菜。
2. 运用常见蔬菜的植物学特性及其对环境的要求，完成休闲农业园区蔬菜的配植。
3. 能利用当地自然环境条件，合理安排蔬菜周年生产茬口。

第一节 常见蔬菜介绍

一、番茄

番茄又称西红柿、洋柿子，原产于南美洲安第斯山地带，是目前地球上栽培最普遍和最重要的蔬菜之一，引入我国仅有百年左右。番茄营养丰富，每 100g 鲜果中含维生素 C 20～40mg，生熟食俱佳，亦可作观赏植物。番茄产量高，效益好，因而在露地和保护地广泛栽培，四季生产，周年供应。

（一）植物学特性

1. 根系　多年生草本作一年生栽培。根系分布深广，盛果期主根可深达土层 1.5m，根系开展幅度可达 2.5m 左右。主根受伤后恢复能力强，侧根发生多，耐移植，育苗移栽后大部分根群分布在 30～50cm 的土层中。不仅主根上易生侧根，而且根颈和茎上很容易发生不定根，生长很快。

2. 茎　茎半蔓性或半直立，生产中常设支架来栽培。顶芽分化花芽，合轴分枝，构成主茎，分有限生长型和无限生长型。茎的分枝能力极强，每节都能抽生侧枝，侧枝生长旺盛，还能再生侧枝。为了促进正常生长和坐果，必须进行整枝、打杈。

3. 叶　单叶，羽状深裂、浅裂或全缘，有普通叶、皱叶、薯叶 3 种叶型。叶片的颜色、形状、裂刻大小及分布的疏密程度因品种而异，可作为区别品种的依据。

4. 花 完全花，总状花序或复总状花序，黄色。每个花序花数，大型番茄 5~8 朵，樱桃番茄 30~50 朵。正常花为短花柱，花药自裂，自花授粉，一般不易自然杂交。子房上位，中轴胎座。

5. 果实 浆果，皮薄、色艳、汁多、味鲜。果实大小、形状、色泽因品种而异，果色有红、粉、黄、绿、白等；果型有大、中、小型和圆、扁圆、桃形之分。果肉由中果皮和胎座构成，优良的品种果肉厚，种子腔小。

6. 种子 扁平短卵形，直径 3mm 左右，表面被银灰色绒毛，比果实成熟早，一般在授粉后 40~50d 就具备正常的发芽能力；千粒重 3.25g，寿命 4 年，使用年限 2~3 年。

(二) 对环境条件的要求

番茄具有喜光、喜温、怕霜、怕热、耐肥、半耐寒等特性。在气候温暖、光照充足、阴雨天较少的条件下，生长健壮，产量高，品质好。

1. 温度 番茄适宜生长的温度为 20~25℃，15℃以下生长缓慢，10℃以下生长停止，长时间 5℃以下的低温会引起冷害，致死的最低温度为 -2~-1℃。气温 15℃以下或 35℃以上授粉受精不良，易导致落花落果。在适宜温度范围内，昼夜温差 8~10℃为宜。夜温低于 8℃或高于 20℃，容易造成落花或形成畸形果。根系生长最适宜地温为 20~22℃，最低地温为 8~10℃，最高地温为 30℃。

2. 光照 维持番茄正常生长发育需要 3 万~5 万 lx 的光照度，8 000lx 以下难以开花坐果，光补偿点为 2 000lx，光饱和点为 7 万 lx。番茄对光周期要求不严，多数品种属日中性植物。

3. 水分 番茄枝叶繁茂，蒸腾系数 800 左右，消耗水分多，特别在结果期，水分不足会导致产量明显下降。但番茄根系发达，吸水能力较强，属于半耐旱性蔬菜。以土壤湿度 60%~80%，空气相对湿度 45%~55%为宜。空气湿度过高易诱发叶部真菌性病害。

4. 土壤 番茄对土壤条件的要求不太严格，但喜肥耐肥，以土层深厚、排水良好、pH 6~7 的肥沃壤土栽培为好。

(三) 类型

目前栽培的番茄都属于普通番茄，该种包括 5 个变种。

(1) 普通番茄变种。即栽培番茄，植株苗壮，分枝多，匍匐性，叶多果大，果形扁圆。

(2) 大叶番茄变种。大叶番茄又称薯叶番茄，叶大，有浅裂或无缺刻，叶形似马铃薯叶，蔓中等，果实与普通番茄相同。

(3) 樱桃番茄变种。植株高大，蔓细长，叶小，叶色淡绿。果实小，呈圆球形、卵形，形如樱桃，果径 2cm，2 个心室。

(4) 直立番茄变种。茎矮壮，节间短，植株直立，栽培中不需支架。叶片小，叶色浓绿，叶面多卷皱。果实与普通番茄相似，果柄短，产量较低，栽培较少。

(5) 梨形番茄变种。生长健壮，叶较小，浓绿色。果小，形如洋梨，2 个心室。

(四) 栽培季节与茬次

栽培一茬番茄需要 2 700~3 200℃积温。番茄不耐霜冻和高温，避开霜期和高温，满足积温要求均可露地栽培，因而我国南方露地栽培茬次多。北方露地栽培一般分春、秋两茬，但结合温室和大棚等保护地栽培，也可实现周年生产。在北方，全年栽培茬次中以春季露地和冬季日光温室较为典型，且栽培面积大。

番茄忌重茬，应实行轮作，一般需与非茄科蔬菜实行3～5年轮作。

二、辣椒

辣椒在我国种植历史悠久，分布广泛。辣椒富含维生素，并含有辣椒素，深受人们喜爱。

（一）植物学特性

辣椒为一年或多年生草本植物，生产上均作一年生栽培。辣椒根系不如番茄和茄子发达，根量少，入土浅，一般深30cm，主要根群分布在10～15cm的表土层。根系弱，再生能力较差。株高30～150cm，茎直立，易木质化，枝条脆，易折断，茎为连续二杈或三杈分枝，有无限分枝和有限分枝两种类型，早期分枝规律性很强。叶片卵圆形，互生，深绿，全缘，叶面光滑，嫩叶可以食用。顶芽分化花芽，花着生在植株分杈处，有单生和簇生两种，完全花，花白色或紫色，自花授粉为主。果实为浆果，果肉有较大的空腔；果形有圆形、羊角形、细条形等；按辣味的浓淡可分为甜椒、辣椒、微辣椒等。种子黄色，扁圆形，千粒重4.5～6.0g，寿命4年，使用年限2～3年。

（二）对环境条件的要求

1. 温度 辣椒具有喜温、怕涝、喜光而又较耐阴、不耐干旱的特点。对温度的要求介于番茄和茄子之间，较接近于茄子。种子发芽适宜的温度为25～32℃，低于15℃不易发芽。生长适宜温度20～30℃，成株可耐8～10℃低温或35℃左右高温，温度长期低于5℃植株死亡。开花授粉适宜的温度白天为20～25℃，夜间16～20℃。盛果期适宜温度为25～28℃，35℃以上高温和15℃以下的低温均不利于果实发育。

2. 光照 辣椒要求中等强度的光照，对日照长短不敏感。适宜的光照度为2.5万 lx，光饱和点3万 lx，光补偿点1 500 lx，比番茄和茄子耐阴性强。光照过强，不利于生长发育。

3. 水分 辣椒既不耐旱，也不耐涝，以土壤湿度55%为宜，土壤水分过低过高均生长不良。长期干旱或土壤积水，根系呼吸受阻，植株萎蔫，严重时死亡。空气相对湿度60%～80%为宜，过高过低都易造成落花落果。

4. 土壤 辣椒适宜中性或微酸性土壤（pH 5.6～6.8），对肥力要求较高。以土层深厚、排水良好、肥沃疏松的沙壤土为好。

（三）类型与品种

生产上栽培的辣椒绝大多数为一年生辣椒种，一般分为灯笼椒、长辣椒、簇生椒、圆锥椒、樱桃椒5个变种，以灯笼椒和长辣椒栽培最普遍。

灯笼椒果形较大，近圆形，植株粗壮高大，果味甜或不辣。长辣椒植株中等稍开张，果多下垂，果长羊角形，先端尖，常弯曲，辣味强，多为中早熟种。按果实形状可分为短羊角、长羊角和线辣椒。

（四）栽培季节与茬次

辣椒喜温怕寒，较番茄耐热性好，在无霜期内均可栽培。我国南方露地栽培可以排开播期，多茬次栽培；北方露地每年栽培1茬，冬春季育苗，晚霜过后定植，晚夏或霜冻来临时拉秧。保护地栽培则主要有春早熟和秋冬茬栽培。

三、黄瓜

黄瓜又称胡瓜，为一年生攀缘性草本植物，原产于印度北部至尼泊尔地区，在我国已有

2 000多年的栽培历史。黄瓜以嫩果供食，营养丰富，产量高，在蔬菜供应中占有重要的地位，我国南北各地普遍栽培。

（一）植物学特性

黄瓜根系入土浅，主要吸收根群分布在25cm左右耕层内，横向分布范围30~50cm，吸水吸肥范围小；根系易木栓化，再生能力差。茎蔓生，一般长2~2.5m，最长可达7~8m，茎粗约1cm，中空，抗风力差。茎上有卷须，可缠绕。栽培中一般需支架，要及时绑蔓固定。茎的分枝能力因品种而异，多数品种分枝能力弱，一些晚熟品种侧枝较多，需进行调整。叶掌状，单叶叶面积较大，叶片表皮生有刺毛，蒸腾作用强。花生于叶腋间，基本为雌雄异花同株，也有部分雌雄异株，偶尔出现两性完全花。果实为瓠果，长棒形，果面平滑或有棱、瘤、刺，刺有黑白之分。幼果多为绿色，少数品种为黄色或白色。具有单性结实习性，但品种间差异较大。种子寿命5年，使用年限2~3年。

（二）对环境条件的要求

1. 温度 黄瓜喜温暖，不耐寒冷。整个生长发育期适宜温度为15~32℃，其中白天20~32℃，夜间15~18℃。种子发芽适宜温度25~30℃，低于20℃发芽缓慢，低于13℃种子不萌发；高于35℃发芽率降低。幼苗期适宜温度白天22~25℃，夜间15~18℃；开花结果期白天25~30℃，夜间18~22℃。黄瓜对地温要求严格，根系生长适宜地温为25℃；8℃以下根系不能伸长，12℃以下根系生理活动受阻，下部叶片变黄，12℃以上根毛才能发生；地温38℃以上时，根系停止生长，并引起腐烂或枯死。

黄瓜可忍耐35~40℃的高温，在35℃左右时，呼吸消耗增大，植株生长发育不良。40℃以上，光合作用急剧衰退，生长停止，持续时间过久，植株就会枯死。但在高湿条件下，黄瓜可忍耐短期45~50℃的高温，生产中利用这一特点进行高温闷棚来防病。黄瓜耐低温能力弱，在10~12℃低温下，生长缓慢或停止；5℃时有受冷害危险，但经低温锻炼的幼苗遇5℃低温不会发生冷害，甚至可以忍耐短时间2~3℃的低温。

2. 光照 黄瓜为喜光作物，但对弱光也有一定的适应性，是瓜类蔬菜中比较耐弱光的类型。光补偿点为2 000lx，光饱和点为5.5万~6万lx，最适光照度4万~6万lx。

3. 水分 黄瓜具有喜湿、怕涝、不耐旱的特点，要求较高的土壤湿度和空气湿度。最适宜的土壤湿度为80%~90%，尤其在开花结果期，必须经常保持土壤湿润；空气湿度以70%~90%为宜。黄瓜根系需氧量较高，所以也怕涝，若土壤湿度过大、温度又低时，容易发生沤根和猝倒病。

4. 土壤 黄瓜要求富含有机质、通气良好、肥沃的轻质壤土。土壤pH以5~7.2为宜。黄瓜需肥量大，且根系吸肥能力弱，耐肥性差，因此宜采用少量多次的施肥方法。

（三）品种与类型

黄瓜品种主要依生态型划分，在我国广泛栽培的主要有华南生态型和华北生态型。前者主要分布在长江以南各地，其植株较繁茂，耐湿热，短日照，果实较小，瘤稀，多黑刺；老熟果黄褐色，具网纹；代表品种如昆明早黄瓜、广州二青、上海洋行等。后者分布在黄河以北地区，植株长势中等，对日照长短反应不敏感，较耐低温，果实棍棒状，果面密布棱、瘤、刺，老熟果黄白色，无网纹；代表品种如新泰密刺、北京大刺等。

近年来，水果型小黄瓜在我国发展较快，主栽品种如国外的戴多星、康德等；国内选育的内皮黄瓜等特色品种，如西北农林科技大学选育的农城新玉1号。

（四）栽培季节与茬次

黄瓜喜温怕寒不耐热，露地栽培必须在无霜期内进行。南方地区一般种植春、夏、秋3茬，华南等热带地区亦可在冬季栽培；北方地区多春、秋两茬栽培，东北和西北高寒地区只进行春夏茬栽培。夏秋季黄瓜生长期正值高温多雨季节，病害严重，产量低，栽培难度较大，应选用耐热、抗病、高产的品种。露地秋茬黄瓜多采用直播栽培。

黄瓜是设施栽培面积最大的蔬菜之一。早春和秋延后多用大棚栽培，冬季多用日光温室栽培。除采用直播外，设施黄瓜栽培常采用嫁接育苗。

四、西瓜

西瓜为一年生蔓生草本植物，是夏季主要果菜，因原产于非洲南部的卡拉哈里沙漠，经西域引入我国，故名西瓜。

（一）植物学特性

西瓜根系强大，吸肥、吸水能力强，具有较强的耐旱能力。但根系易木栓化，受伤后不易发新根；且不耐涝，宜直播，育苗移栽时需采取护根措施。茎蔓生，分枝能力强，茎叶繁茂。茎上有分枝的卷须，节上可以生不定根。生产中需进行整枝和压蔓。单叶互生，叶色深，具茸毛和白色蜡质，属耐旱生态型。花黄色、单生，雌雄异花同株。早熟品种于主蔓第6~7节发生第一雌花，之后每隔3~5节再生雌花；晚熟品种一般于第10~13节发生第一雌花，之后每隔7~9节再生雌花。子蔓发生的雌花节位较低。果实一般为椭圆或圆形，果皮颜色有深绿、浅绿、黑、白等，很多品种果皮具有深绿色纹理；食用部分为胎座，成熟后有大红、粉红、黄、白之别。种子寿命5年，使用年限2~3年。

（二）对环境条件的要求

1. 温度 西瓜喜温耐热，生长发育适宜温度为25~35℃，生育温度10~40℃。在昼夜温差较大的情况下，有利于果实的膨大和果实内糖分的积累。发芽期、幼苗期、伸蔓期、结果期的适宜温度分别为28~30℃、22~25℃、25~28℃、30~35℃。西瓜不耐寒，种子发芽温度下限为16~17℃，根毛发生的温度为10~38℃，低于18℃果实发育不良，成熟期推迟，品质下降。果实发育需要活动积温800~1 000℃。

2. 光照 西瓜喜强光，需要充足的光照，光补偿点为4 000lx，光饱和点为8万 lx。在10h以上的长日照条件下生长发育良好，产量高，品质佳。

3. 水分 西瓜耐旱、喜湿、不耐涝，适宜的空气湿度为50%~60%，土壤湿度为60%~80%。结果期前需水较少，若水分过多，易使蔓叶徒长，影响开花坐果。膨果期是需水的重要时期，如果水分不足，则果实膨大缓慢，果个小，产量明显降低。进入果实成熟阶段，则需降低土壤水分，否则会降低果实含糖量，影响品质，而且会引起果实开裂。

4. 土壤 西瓜对土壤适应性较广，在沙质土、壤质土和黏质土上都能种植。但以土层深厚、通透性良好的沙质壤土栽培最好。土壤酸碱度以中性为宜，但在pH 5~8的范围内生长发育正常。西瓜耐盐性较强，土壤含盐量低于0.2%时，基本均可正常生长。

（三）类型与品种

西瓜依用途分为果用和籽用两大类。籽用西瓜也称打瓜，与果用西瓜相似，唯蔓叶较小、分枝多，每株留瓜2~3个，以采收瓜籽为主。单瓜有籽400余粒，种子千粒重100g左右。

果用西瓜蔓长、叶大，瓜瓤发达，汁多味甜，栽培极为普遍。根据细胞染色体的多少又可分为二倍体普通西瓜、三倍体无籽西瓜和四倍体少籽西瓜。其中二倍体普通西瓜栽培普遍，按其熟性又分为早熟、中熟和晚熟品种 3 个类型。早熟品种从开花到果实成熟约 30d，单果重较小，生长发育期短，易坐果。中熟品种从开花到果实成熟约需 35d，果实中等大小，生长势较强。晚熟品种从开花到果实成熟需 40d 以上，果大，茎叶生长旺盛，坐果晚，生长发育期长，产量高。

（四）栽培季节

西瓜喜温耐热，无霜期内均可栽培。一般以露地栽培为主，春季播种，夏秋季收获。近年来，地膜覆盖和拱棚早熟栽培发展很快，亦可利用日光温室栽培。采用不同栽培方式，并选用熟性不同的品种，合理搭配，排开生产，延长供应期。

露地和地膜覆盖栽培时，应把果实发育成熟期安排在当地的高温季节，一般地温稳定在 15℃ 以上时才能直播或定植。

五、大白菜

大白菜又称结球白菜，原产于我国，在华北、西北和东北地区都普遍种植，山东、河北、河南是全国三大主产区。食用叶球，主要熟食，也可生食或腌制。

（一）植物学特性

主侧根均较发达，但主要根系多分布在 30cm 土层内。在营养生长期茎为变态短缩茎，呈球形或短圆锥形；进入生殖生长期，自短缩茎顶端发生花茎，花茎上节和节间明显，着生茎生叶。按发生先后顺序排列，大白菜的叶有子叶、基生叶（又称初生叶）、中生叶、顶生叶（又称球叶或心叶）和茎生叶（又称花茎叶）5 种类型。子叶和基生叶各两片，有叶柄。中生叶的第一叶环叶片为幼苗叶，第二、三叶环为莲座叶；莲座叶呈阔倒卵形，无叶柄有叶翅；中生叶是制造养分的重要器官。顶生叶构成叶球，储藏养分、供食用；叶球抱合方式主要有褶抱、叠抱、拧抱 3 种。总状花序，长角果，种子近圆球形，黄褐色或棕色，种子寿命 4~5 年，使用年限 1~2 年。

营养生长阶段形成产品器官叶球，可分为发芽期、幼苗期、莲座期、结球期和休眠期。当 2 片基生叶生长到与子叶大小相同并与子叶构成十字形时为拉十字期。当植株第一叶环的叶片全部长出后，这些叶片按一定的开展角有规则地排列，呈圆盘状，称为开小盘或团棵。从子叶展平至团棵为幼苗期，从团棵至开始卷心为莲座期，从卷心至叶球形成为结球期。结球期又分前、中、后 3 个时期：大白菜在结球前期，叶球外层的叶片迅速生长而构成叶球的轮廓，称为抽筒或长框；在结球中期，叶球内层的叶片迅速生长而充实叶球的内部，称为灌心；在结球后期，叶球体积不再增大，只是继续充实叶球内部。在生殖生长阶段，抽薹开花形成种子。

（二）对环境条件的要求

1. 温度 大白菜属半耐寒蔬菜，性喜温和凉爽的气候，不耐高温，也不耐严寒。生长的适宜日均温为 12~22℃，在 10℃ 以下生长缓慢，5℃ 以下停止生长；能耐轻霜而不耐严霜，在 -5~-2℃ 以下受冻害。发芽期适宜温度为 20~25℃，8~10℃ 发芽缓慢，26~30℃ 发芽快但幼苗弱。幼苗期适宜温度 22~25℃，虽能适应 26~30℃ 的高温，但幼苗生长不良，易感病毒。莲座期适宜温度 17~22℃，过高易徒长和诱发病害；过低则生长缓慢，延迟结球。结球期温度在 12~22℃ 包心良好。休眠期以 0~2℃ 最适宜，过低易遭受冻害，过高则不耐储藏,易腐烂。大白菜为种子春化型植物,在15℃以下可顺利完成春化作用,萌动的种子在3℃经15～20d就可通过春化阶段。抽薹期适宜温度12～16℃。开花期和结荚期适宜月均温17～20℃。

大白菜生长期的长短还与积温密切相关,从播种到叶球形成,早熟品种一般需要积温(日均温在5～25℃的温度总和)1 000℃以上,中晚熟品种1 500℃以上,晚熟品种1 800℃以上。

2. 水分 大白菜蒸腾量大,对土壤湿度要求较高。莲座期要求土壤相对含水量80%,结球期以60%～80%为宜。

3. 土壤 大白菜适于土层深厚、肥沃、疏松、保水保肥、排水通气的沙壤、壤土及轻黏壤土,以中性或微碱性土壤为宜。

(三) 品种与类型

大白菜为芸薹属芸薹种的大白菜亚种,分散叶变种、半结球变种、花心变种和结球变种,以结球变种栽培最普遍。

1. 散叶变种 顶芽不发达,以中生叶为产品,耐寒和耐热性强,适于春夏季作绿叶菜栽培。

2. 半结球变种 顶芽较发达,顶生叶抱合成叶球,但包心不实。耐寒性强,适于在东北、冀北、晋北及西北高寒地区栽培。

3. 花心变种 顶芽发达,顶生叶褶抱成球,但其先端向外翻卷,色白、淡黄或黄,呈花心状。较耐热,多用于早秋或春季栽培。

4. 结球变种 顶芽发达,顶生叶全部抱合形成坚实叶球,其顶端半闭合或完全闭合。生长期较长,适合秋季栽培。根据适应气候的不同,又分为卵圆型、平头型和直筒型3个生态型。

(1) 卵圆型。卵圆型为海洋气候生态型。叶球呈卵圆形,球形指数(纵径/横径)约为1.5,顶部尖或钝圆,近于闭合,一般为褶抱。晚熟品种生长期90～110d,早熟品种70～80d。要求雨水均匀、空气湿润、昼夜温差不大、温和而变化不剧烈的气候。

(2) 平头型。平头型为大陆气候生态型。叶球呈倒圆锥形,球形指数接近1,顶部平、完全闭合,一般为叠抱。生长期多为90～120d,早熟品种70～80d。能适应气温变化剧烈、昼夜温差较大和空气干燥的环境。

(3) 直筒型。直筒型为交叉气候生态型。叶球细长圆筒形,球形指数大于3,顶部尖,近于闭合,中生叶第1～2叶环的叶片半直立,从第3叶环开始拧抱成叶球,生长期60～90d,适应性强,在海洋性及大陆性气候下均能生长良好。抗寒性强,极耐储藏,抗霜霉病和软腐病。

不同生态型间互相杂交,可育成平头直筒型、平头卵圆型、圆筒型、花心直筒型及花心卵圆型等次级类型的品种。

(四) 栽培季节

大白菜主要在露地生产,以秋季栽培为主,冬春季储藏供应。一般在入秋后天气开始转凉时播种,严寒来临前收获,将结球期安排在深秋季节。

春季反季生产目前面积还很小,但发展较快。春季栽培一般在保护地育苗,苗龄30d,4～5片叶时定植,结球期安排在露地气候温和的季节。应选择前期耐低温、后期有一定耐热性、生长期短、耐抽薹的中早熟专用品种。

夏秋季早熟栽培播期要求不严，华北地区在7月上中旬之前播种均可，9月至10月上旬上市供应。必须选择抗病、耐热、早熟的优良品种。

六、萝卜

萝卜原产于我国，远在周朝时就盛行种植，迄今我国南北各地栽培面积很大。其产品除含有一般营养成分外，还含有淀粉酶和芥子油，有助消化、增食欲的功效。

（一）植物学特性

肉质根在形、色和单重上的变化很大，外形有圆柱、圆锥、圆球、扁球形等；外皮有白、绿、红、紫、黑色等；肉色多呈白、淡绿、红或带有程度不同的红、紫辐射条纹；单根重小的只有几克，大的可达10kg以上。茎在营养生长期呈短缩状，其上着生叶片，有花叶和板叶之分；在生殖生长期抽生花茎，形成总状花序。花色有白、淡红、淡紫，为十字花科的典型花，全株花期约30d。长角果，每荚种子3～8粒。种子扁球形，赤褐色，表面无光泽，千粒重8～13g，寿命5年，使用年限1～2年。

营养生长期包括发芽期、幼苗期、莲座期、肉质根生长盛期。生殖生长期包括花芽分化、抽薹开花和种子形成。

（1）发芽期。从播种至第一片真叶展开，5～7d。

（2）幼苗期。从第一片真叶展开至破肚，15～20d。幼苗期因肉质根加粗，向外增加压力，而肉质根外部的初生皮层不能相应地生长和膨大，造成初生皮层破裂。这种现象称为破肚，标志着肉质根膨大的开始，此时幼苗4～6片真叶。

（3）莲座期。从破肚至定橛，又称为叶片生长盛期，15～20d，小型萝卜5～10d。当肉质根的根头部膨大变宽，如人肩露出地面，称为"露肩"。到莲座期末，地上部与地下部鲜重比接近1∶1，这时植株比较稳定，不易动摇或拔出，故称为定橛，标志着莲座期的结束和肉质根将进入迅速膨大期。

（4）肉质根生长盛期。从定橛至收获，40～60d，小型萝卜10～15d。此期叶片生长缓慢，肉质根迅速膨大。

（5）生殖生长期。萝卜为种子春化型，在低温下通过春化后，长日照下抽薹开花，为一二年生蔬菜。从现蕾至开花20～30d，花期30～60d，从开花至种子成熟约30d。

（二）对环境条件的要求

1. 温度 种子在2～3℃开始发芽，发芽适宜温度为20～25℃。幼苗期可耐25℃左右较高温度和短时间−3～−2℃的低温。叶片生长的温度为5～25℃，适宜温度为15～20℃。肉质根生长的范围为6～20℃，适宜温度为13～18℃。温度高于25℃，植株长势弱，产品质量差。所以萝卜生长适宜温度是前期高、后期低。当温度低于−1℃时，肉质根易遭冻害。

2. 光照 在光照充足的环境中，植株生长健壮，产品质量好。光照不足则生长衰弱，叶片薄而色淡，肉质根小，品质劣。短日照有利于营养生长，而长日照促进抽薹开花。

3. 水分 在萝卜生长期，如果水分不足，不仅产量降低，而且肉质根容易糠心、味苦、味辣、品质粗糙；水分过多，土壤透气性差，影响肉质根膨大，并易烂根；水分供应不均，又常导致根部开裂。在土壤相对含水量65%～80%、空气相对湿度80%～90%条件下，易实现高产优质。

4. 土壤　萝卜适于在土层深厚、富含有机质、保水和排水良好、疏松肥沃的沙壤土上种植。土层过浅，心土紧实，易引起直根分歧。土壤过于黏重或排水不良，都会影响品质。萝卜吸肥力较强，施肥应以迟效性有机肥为主，并注意氮、磷、钾肥的配合。在肉质根生长盛期，增施钾肥能显著提高品质。

（三）类型与品种

按地理和气象条件的不同，我国萝卜品种可分为华南、华中、北方和西部高原4种生态型。

（1）华南生态型。华南生态型分布在南方亚热带和热带地区，肉质根细长，皮、肉均白色，产品含水较多，有少数品种根头微带绿色。该地区萝卜可在较高温度下通过春化。

（2）华中生态型。华中生态型分布在长江流域，形态特性与华南生态型相似。肉质根的皮、肉多为白色，也有红皮白肉、红皮红肉的品种，可在温、湿度较高的条件下生长，只是通过春化阶段的温度较低。

（3）北方生态型。北方生态型分布在黄淮流域以北的华北、西北和东北地区，大多为短粗青皮，也有红皮、白皮和紫皮。耐寒、耐旱性较强，耐热性稍差，通过春化的温度要求比华中生态型低。一般肉质根个体大，含水较少，而淀粉、糖分含量较多。

（4）西部高原生态型。西部高原生态型分布在青海、西藏和甘肃、内蒙古部分高原地区。耐寒、耐旱，抽薹迟，肉质根大。

按栽培季节又可将萝卜分为秋萝卜、夏萝卜、春萝卜和四季萝卜等类型。在生产中选用萝卜品种时，一定要根据当地气候选用适宜的生态型，并按栽培季节选择适宜的品种。

（四）栽培季节

萝卜为半耐寒性蔬菜，栽培的季节因地区和品种类型不同而差异很大，长江流域以南地区几乎四季都可生产，北方大部分地区可春、夏、秋三季种植，多以秋萝卜为主要茬次，栽培面积大，产品供应期长。萝卜为种子春化型植物，春季播种过早易发生未熟抽薹现象。秋夏季播种过早，遇高温干旱等逆境条件，肉质根易产生苦味和辣味。

七、韭菜

韭菜为多年生宿根草本植物，原产于我国，在我国普遍栽培。主要食用叶，有青韭和韭黄，还可食用韭薹、韭花等。韭菜营养丰富，富含糖类、蛋白质、维生素，并有特殊香辛味，能够增进食欲。

（一）植物学特性

根系为须根系，没有主侧根；主要分布于30cm耕作层，根数量多，有40根左右；分吸收根、半储藏根和储藏根3种；着生于短缩茎基部，短缩茎为茎的盘状变态，下部生根，上部生叶。茎分为营养茎和花茎，一、二年生营养茎短缩变态成盘状，称为鳞茎盘。由于分蘖和跳根，短缩茎逐渐向地表延伸生长，平均每年伸长1.0~2.0cm。鳞茎盘下方形成葫芦状的根状茎，根状茎为储藏养分的重要器官。叶片簇生于短缩茎上，叶片扁平带状，可分为宽叶和窄叶；叶片表面有蜡粉，气孔陷入角质层。锥型总苞包被的伞形花序，内有小花20~30朵；小花为两性花，花冠白色，花被片6片，雄蕊6枚。子房上位，异花授粉；子房3室，每室内有胚珠2枚。蒴果。成熟种子黑色，盾形，千粒重为4~6g。

(二) 对环境条件的要求

1. 温度　韭菜属耐寒而适应性广的蔬菜，地上部可耐－5～－4℃低温，当遇－7℃低温时，叶部枯萎，进入休眠，地下根茎在－40℃严寒条件下不会受冻害。韭菜不耐高温，气温超过26℃时植株生长缓慢；高温、强光、干旱条件下叶片中纤维增多，不宜食用。生长适宜温度为12～24℃。发芽最低温度为3～4℃，发芽适宜温度为15～18℃；幼苗生长适宜温度为12℃以上；抽薹开花适宜温度为25～30℃。

2. 光照　韭菜生长要求中等强度光照，光补偿点1.2lx，光饱和点40lx。光照过强，纤维增多，品质下降；光照过弱，光合作用弱，叶色黄，叶片细弱，分蘖少，产量低。长日照促进抽薹开花。

3. 水分　韭菜根系吸收水分能力弱，喜湿不耐旱，土壤适宜湿度80%。叶面积小，角质层较厚，气孔下陷，水分蒸腾量小，适于较低的空气湿度，一般空气相对湿度以60%～70%为宜。

4. 土壤　韭菜对土壤适应性强，但以土层深厚、耕层肥沃的土壤为佳。耐盐力较强，在0.2%的含盐量条件下可以正常生长发育。耐肥力强，需要大量氮肥，配合适量磷、钾肥。

(三) 类型与品种

按食用器官，韭菜可分为根韭、叶韭、花韭和叶花兼用韭4个类型。目前栽培最普遍的是叶花兼用类型，按其叶片宽窄又分为宽叶韭和窄叶韭。

宽叶韭叶片宽厚，色浅绿，品质柔嫩，香味稍淡，产量高，易倒伏，适于露地和软化栽培。

窄叶韭叶片窄长，叶色深绿，纤维较多，香味较浓，叶鞘细长，直立性强，不易倒伏，耐寒性强，适于露地栽培。

八、芹菜

芹菜别名芹、旱芹、药芹菜等，为二年生草本植物。芹菜原产于地中海沿岸及瑞典、埃及和西亚的高加索等地的沼泽地区，在我国栽培历史悠久，适应性强，分布广，既可露地栽培，也适于设施栽培，一年四季均可生产，周年供应。芹菜富含维生素等营养，还含有挥发性芳香油，具有特殊的风味，其性甘、凉、无毒，具有辛凉清胃、散热、祛风、利咽、止咳、利尿、明目的作用。芹菜可炒食、凉拌、腌渍等，其加工简单、易操作、风味佳。

(一) 植物学特性

芹菜根系分布浅，范围较小，侧根较发达，主根切断后可生多条侧根，但吸收面积小，既不耐旱，也不耐涝。生产上既可直播，也适宜育苗移栽。营养生长阶段其茎为短缩茎。叶片簇生于短缩茎上，二回羽状奇数复叶，小叶3裂，有2～3对，叶柄长而粗，为主要食用器官。叶片也可食用，且含有较高的维生素E。叶柄基部具有分生组织，在遮光条件下，仍能分裂、伸长，因此生产上常进行软化栽培。芹菜花小，白色，复伞形花序，虫媒花。果实为双悬果，成熟时沿中缝裂开两半，各含1粒种子。果实暗褐色，椭圆形，表面有纵沟，含有挥发油，外皮单质，透水性差，发芽慢；千粒重0.47g，寿命6年，使用年限2～3年。

营养生长阶段包括发芽期、幼苗期、外叶生长期、心叶肥大期，生殖生长期包括花芽分化期、抽薹开花期和种子形成期。

(1) 发芽期。从播种到出现第一片真叶为发芽期。在 15~20℃ 条件下，需 10~15d。

(2) 幼苗期。从第一片真叶显露到长出 4~5 片真叶为幼苗期。在 20℃ 的条件下需 45~60d。芹菜幼苗弱小，根系浅，同化能力弱，生长缓慢，幼苗期时间较长。

(3) 外叶生长期。从 1~5 片真叶至 8~9 片真叶，20~40d，此期植株大量分化新叶和发生新根，短缩茎增粗，叶色加深。

(4) 心叶肥大期。从 8~9 片真叶至 11~12 片真叶。在生长盛期叶柄迅速增长肥大，生长量占植株总生产量的 70%~80%，是产量形成的主要时期。在 12~22℃ 的条件下需 30~60d。

(5) 生殖生长期。芹菜为绿体春化型植物，当苗龄达 30d 以上，苗粗 0.5cm 以上即可感应低温而春化。花芽分化期约 60d，随后，在长日照下抽薹开花，从开始抽薹至全株开花结束约 60d；从开始开花至全株种子成熟约 60d。

(二) 对环境条件的要求

1. 温度　耐寒性蔬菜，种子在 4℃ 开始发芽，而发芽适宜温度为 15~20℃，25℃ 以上发芽率迅速降低，30℃ 以上几乎不发芽。幼苗可耐 -5℃ 低温，成株可耐 -10~-7℃。在幼苗有 3~4 片真叶，10℃ 以下低温，经 10~15d 可通过春化阶段。生长适宜温度为 15~20℃，若日平均温度 21℃ 以上，则植株叶片小、叶柄短细、纤维多。

2. 光照　长日照植物，光对促进其发育有明显作用。在营养生长期需要中等强度的光照，光饱和点为 45 000lx，光补偿点为 2 000lx，而光照度以 1 万~4 万 lx 为最适宜。耐弱光而不耐强光。

3. 水分　芹菜根系浅，吸水能力弱，加上单位面积栽培密度大，总蒸腾面积也大，所以要求湿润的土壤和较高的空气相对湿度。土壤湿度以 65%~85% 为宜，空气相对湿度以 70%~80% 为宜。

4. 土壤　芹菜根系吸收能力弱，适宜富含有机质、保水保肥力强的壤土或黏壤土。芹菜生长期需硼较多，缺硼时叶柄易脆裂。生产上要注意有机肥和氮、磷、钾肥的配合施用。要求土壤 pH 6~7.6，微酸或微碱性土壤均宜。

(三) 类型与品种

本地芹（中国芹菜）叶柄细长，叶片发达，一般长 50~100cm，颜色有绿、白、黄之分，并有空心和实心两种。其叶片大小略有差异，绿色种叶片较大，叶柄稍粗，植株高大，生长健壮，但不易软化；而白色和黄色种叶片较小，叶柄较细，植株较矮，易软化，品质好。

洋芹（西芹）原产于欧洲，引入我国栽培的时间不长。洋芹叶柄宽而短，宽 3~5cm，长 30~80cm，光滑，纤维少，肉质脆，品质佳，多为实心。单株产量高，一般单株重 0.8kg，高的可达 1.2kg。洋芹依叶柄色泽可分为绿色、黄色、白色和杂型 4 个品种群。

(四) 栽培季节与茬口安排

芹菜为半耐寒蔬菜，在我国南方地区露地栽培可四季生产，周年供应。在北方地区，露地栽培主要有春芹菜、早秋芹菜、秋芹菜和越冬芹菜。春芹菜一般是 2 月下旬至 4 月中旬播种育苗，5 月下旬至 7 月下旬收获；早秋芹菜是 4 月下旬至 5 月上旬直播或育苗，8~9 月收获；秋芹菜 5 月上旬至 7 月下旬播种育苗，10 月下旬至 11 月收获；越冬芹菜 7 月中旬至 8 月中旬播种育苗，翌年 4 月上旬至 5 月上旬收获。此外，还可利用塑料大棚等设施进行冬季栽培，翌年1~4月上市。因秋季气候最适宜芹菜生长，所以秋芹菜栽培面积最大，产量高，效益好。

九、芦笋

芦笋别名石刁柏、龙须菜等，原产于地中海东岸及小亚细亚地区，各国都有种植。芦笋以嫩茎供食用，既可鲜食，也可制罐头。芦笋味芳香鲜美，柔软可口，能增进食欲，帮助消化，并富含多种维生素和氨基酸，还有大量天门冬酰胺和天冬氨酸等。

（一）植物学特性

根由种子根、储藏根和吸收根3种组成，为须根系。种子根是种子发芽时萌发的根，长13~15cm，寿命较短；储藏根是由鳞茎盘下方发生的根，长1.2~1.3m，分布在30cm土层内，起储藏养分和吸收水肥的作用，寿命可达6年；吸收根由储藏根的表皮长出，白色纤细，寿命1年。地下茎短缩，节间极短，茎节上着生瓦状的鳞片（复态叶），叶腋中的芽被鳞片包被，称鳞芽。鳞芽向上发育成地上茎，向下产生储藏根。刚刚出土的肉质嫩茎顶端由鳞片包裹，在土层下嫩茎白嫩，称白芦笋；伸出地面变成绿色，称绿芦笋，即为食用部分。叶分为真叶和拟叶两种，真叶退化成鳞片状三角形角膜，着生在茎节上，淡绿色，多自然脱落；拟叶为叶腋间簇生的针状叶，是枝条的变态，又称叶状茎，绿色，是芦笋制造有机营养的主要器官。

生命周期经历幼苗期、壮年期、成年期和衰老期4个阶段，年周期经历生长和休眠2个阶段。

从种子发芽到定植为幼苗期；从定植开始到采收嫩茎为壮年期，植株不断扩展，根深叶茂，肉质根已达到应有的粗度和长度，地下茎不断发生分枝，形成一定大小的鳞芽群。成年期植株继续扩展，地下茎处于重叠状态，形成强大的鳞芽群，并大量萌发抽生嫩茎，嫩茎肥大，粗细均匀，品质好，产量高。衰老期植株扩展速度减慢，出现大量细弱茎，生长势明显下降，嫩茎数量减少，细弱、弯曲、畸形笋增多，产量、品质下降，需及时复壮或更新。

每年土壤温度回升到10℃以上时，芦笋的鳞芽萌发长成嫩茎，进而长成植株。秋季来临，养分转入肉质根储藏，当年养分积累多少决定翌年产量高低。至秋末冬初，地温下降到5℃左右时，地上部逐渐干枯死亡，地下部进入休眠。

（二）对环境条件的要求

1. 温度 芦笋既耐热又耐寒，从亚热带到亚寒带都适宜栽培，但最适宜栽培在四季分明、气候宜人的温带。种子萌发适宜温度为25~30℃，高于35℃或低于5℃发芽率明显下降。最适生长温度20~30℃，15℃以下生长缓慢，嫩茎发生减少，低于6℃生长停止。17~25℃抽生的嫩茎数多且品质好，超过30℃嫩茎基部极易纤维化，笋尖鳞片散开，品质低劣；35℃以上嫩茎停止生长，15℃以下空心笋率高。根系耐寒性极强，在气温-33℃、冻土层厚1m的严寒地区可安全越冬。

2. 光照 芦笋喜光，光照充足，嫩茎产量高，品质好。

3. 水分 芦笋耐旱不耐涝，但在嫩茎采收期间，若水分供应不足，嫩茎变细，不易抽发，并且空心、畸形笋增多，散头率高，易老化，降低产量和质量。

4. 土壤 芦笋较喜土层深厚、有机质含量高、质地松软的腐殖质壤土及沙壤土。土质黏重，嫩茎生长不良，畸形笋多。忌酸性和碱性土壤，适宜的土壤pH 6.5~7.0。耐盐力较强，土壤含盐量不超过0.2%，能正常生长。要求氮肥较多，磷、钾肥次之。

（三）品种与类型

芦笋因色泽不同分为白芦笋、绿芦笋、紫芦笋3类，按嫩茎抽生早晚分为早熟、中熟、晚熟3类。早熟类型茎多而细，晚熟类型茎少而粗。我国栽培的芦笋品种多从欧美国家引进。

（四）栽培季节

春播、秋播均可，多年生栽培。长江流域多春播育苗移栽，约4月上中旬播种，夏秋季定植于大田；若地膜覆盖、大棚育苗可提早到3月上旬播种，5月底至6月初定植，第二年可获高产。华北地区一般谷雨至立夏播种，阳畦育苗则提前到2月中下旬播种。东北较寒冷地区，通常将播种期安排在夏季，7月下旬播种，11月下旬定植。

十、马铃薯

马铃薯也称洋芋、土豆，原产于南美的秘鲁和玻利维亚的安第斯山区。17世纪传入我国，各地普遍栽培。马铃薯块茎含淀粉、糖类、粗蛋白，以及多种维生素和矿质元素。

（一）植物学特性

1. 根系　用块茎繁殖的马铃薯植株没有主根，根群分布浅而广。吸收根主要着生在种薯与茎的交接处，称为初生根。初生根先水平伸长约30cm，然后垂直向下，深度达60～70cm，构成马铃薯的主要吸收根系。随着块茎上萌芽的伸长，在芽的叶节上（与发生匍匐茎的同时）发生3～5条匍匐根。

2. 茎　茎有主茎、匍匐茎和块茎。从块茎芽眼中抽生的枝条称为主茎，分为地上茎和地下茎两部分。地上茎三棱形或四棱形，高40～100cm，直立或半直立，顶端形成花芽后，叶腋可抽生4～8个分枝。主茎基部埋入土中的部分为地下茎，其腋芽萌发后水平伸展，称为匍匐茎。匍匐茎向外生长，入土不深，6～8个节，先端膨大而成块茎。主茎地下部每节都能发生匍匐茎，一般栽培条件下，只有最下3～4层能形成茎块。

3. 叶　初生叶为单叶，全缘，颜色较浓。随着植株的生长，逐渐形成奇数羽状复叶，叶互生，叶面被有茸毛和腺毛，起减少水分蒸发和吸收水分的作用。

马铃薯生长过程顺序而有规律地经过5个时期的变化。

（1）发芽期。从芽眼开始萌动至幼苗出土为发芽期，约30d。主要长成主茎地下部6～8节，即第一段茎轴，同时在5基部节位上发生主要吸收根。

（2）幼苗期。从出苗至团棵为幼苗期，15～20d。幼苗期根系继续扩展，匍匐茎先端开始膨大。第三段茎轴和叶继续分化生长，顶端第一花序开始孕育花蕾，花序下发生侧枝。马铃薯每个叶序环6或8片叶，所以当第六或第八片叶平展时，即为团棵，是幼苗期结束的标志。

（3）发棵期。从团棵至早熟品种第一花序开花、晚熟品种第二花序开花，约30d，后期将完成生长中心由茎叶为主向结薯为主的转变。

（4）结薯期。从第一、二花序开花至块茎成熟收获，30～50d，是产品器官形成的关键时期。

（5）休眠期。块茎成熟收获后即进入休眠期。休眠期的长短因品种和环境温度而异，短则30～60d，长的可达150d以上。

(二) 对环境条件的要求

1. 温度 马铃薯喜凉爽气候，通过休眠的块茎在4℃以上就能萌动，芽条生长适宜温度为13～18℃；27℃发芽最快，但芽条细弱，发根少；超过36℃则幼芽不萌发，常造成大量烂种。茎叶生长要求较高温度，以18～21℃为宜，高于30℃或低于7℃，茎叶停止生长，遇霜冻枯萎。块茎膨大要求较低温度，适宜温度为15～18℃，超过21℃块茎生长缓慢。块茎膨大适宜的土壤温度为16～18℃。

2. 光照 喜光植物，光补偿点和光饱和点分别为1 000 lx和2万 lx。短日照条件有利于块茎形成，在长日照条件下，可促进茎叶生长和现蕾开花。一般日照时数为11～13h茎叶发达，块茎产量高。

3. 水分 适宜的土壤湿度，发芽期和发棵期为70%～80%，结薯前缓慢降至60%，结薯期80%～85%，需均匀供水，接近收获时降至50%～60%。

4. 土壤 马铃薯在土层深厚、土质疏松、排水透气良好、富含有机质、pH 5.5～6.0的土壤中生长良好。

(三) 品种与类型

马铃薯因生长发育期长短可分为早熟品种、中熟品种、晚熟品种，按皮色分白皮、红皮和黄皮等。一般优良的食用品种除具有丰产、抗病、适应性强等栽培性状外，还要求薯块整齐，薯皮薄而光滑，芽眼小而浅，薯肉黄色（维生素多），食味佳美。

(四) 栽培季节

确定栽培季节的总原则，是把结薯期安排在土壤温度16～18℃，气温白天24～28℃、夜间16～18℃的季节。东北、西北及华北的大多数地区为一作区，无霜期较长的地区可分春、秋两季栽培。春季终霜前播种，至终霜期正好出苗，夏季高温前收获；秋季于高温过后播种，初霜后收获。

十一、黄秋葵

黄秋葵亦称咖啡黄葵，锦葵科一年生草本植物，性喜温暖。黄秋葵原产于印度，广泛栽培于热带和亚热带地区，我国湖南、湖北、广东等省栽培面积也极广。黄秋葵素有蔬菜王之称，有极高的经济用途和食用价值等。

(一) 植物学特性

一年生草本植物，高1～2m；茎圆柱形，疏生散刺。叶掌状3～7裂，直径10～30cm，裂片阔至狭，边缘具粗齿及凹缺，两面均被疏硬毛；叶柄长7～15cm，被长硬毛；托叶线形，长7～10mm，被疏硬毛。花单生于叶腋间，花梗长1～2cm，疏被糙硬毛；小苞片8～10个，钟形，长约1.5cm，疏被硬毛；花萼钟形，较长于小苞片，密被星状短绒毛；花黄色，内面基部紫色，直径5～7cm，花瓣倒卵形，长4～5cm，花期5～9月。蒴果，筒状尖塔形，长10～25cm，直径15～2cm，顶端具长喙，疏被糙硬毛。种子球形，多数直径4～5mm，具毛脉纹。

(二) 对环境条件的要求

1. 温度 黄秋葵喜温暖、怕严寒，耐热力强。当气温13℃、地温15℃左右，种子即可发芽。但种子发芽和生育期适宜温度均为25～30℃，26～28℃开花多，坐果率高，果实发育快。月均温低于17℃，便影响开花结果；夜温低于14℃，则生长缓慢，植株矮小，叶片狭窄，开花少，落花多。

2. 光照　黄秋葵对光照条件尤为敏感，要求光照时间长，光照充足。应选择向阳地块，加强通风透气，注意合理密植，以免互相遮阴，影响通风透光。

3. 水分　黄秋葵耐旱、耐湿，但不耐涝。发芽期土壤湿度过大，易诱发幼苗立枯病。结果期干旱，植株长势差，品质劣，应始终保持土壤湿润。

4. 土壤　黄秋葵对土壤适应性较广，不择地力，但以土层深厚、疏松肥沃、排水良好的壤土或沙壤土较宜。肥料在生长前期以氮肥为主，中后期需磷、钾肥较多。但氮肥过多，植株易徒长，开花结果延迟，坐果节位升高；氮肥不足，植株生长不良而影响开花坐果。

第二节　蔬菜配植技术

一、蔬菜栽培季节

蔬菜栽培季节是指蔬菜从田间直播或幼苗定植开始，到产品收获完成所经历的时间。因育苗一般不占用生产田，故育苗期不计入蔬菜栽培季节。

（一）确定蔬菜栽培季节的基本原则

1. 露地蔬菜栽培季节确定的基本原则　露地蔬菜生产以高产优质为主要目的，因此确定栽培季节时，应将所种植蔬菜的整个栽培期安排在其能适应的温度季节，而将产品器官形成期安排在温度条件最为适宜的月份。

2. 设施蔬菜栽培季节确定的基本原则　设施蔬菜生产是露地蔬菜生产的补充，其生产成本高、栽培难度大，因此应以高效益为主要目的来安排栽培季节。具体原则是：将所种植蔬菜的整个栽培期安排在其能适应的温度季节，而将产品器官形成期安排在该种蔬菜露地生产淡季或产品供应的淡季。

（二）确定蔬菜栽培季节的基本方法

1. 露地蔬菜栽培季节的确定方法

（1）根据蔬菜的类型确定栽培季节。耐热以及喜温性蔬菜的产品器官形成期要求高温，故一年当中，以春夏季的栽培效果为最好。喜冷凉的耐寒蔬菜以及半耐寒蔬菜的栽培前期，对高温的适应能力相对较强，而产品器官形成期却喜冷凉，故该类蔬菜的最适宜栽培季节为夏秋季。北方地区春季栽培时，往往因生产时间短，产量较低，品质也较差。当品种选择不当或栽培时间不当时，还容易出现提早抽薹问题等。

（2）根据市场供应情况确定栽培季节。要本着有利于缩小市场供应的淡旺季差异、延长供应期的原则，在确保主要栽培季节蔬菜生产的同时，通过选择合适的蔬菜品种以及栽培方式，在其他季节也安排一定面积的该类蔬菜生产。近几年，北方地区大白菜春种、西葫芦秋播以及夏秋西瓜栽培等，不仅提高了栽培效益，而且延长了产品的供应时间。

（3）根据生产条件和生产管理水平确定栽培季节。如果当地的生产条件较差、管理水平不高，应以主要栽培季节的蔬菜生产为主，确保产量；如果当地的生产条件好、管理水平较高，就应适当加大非主要栽培季节的蔬菜生产规模，增加淡季蔬菜的供应，提高栽培效益。

2. 设施蔬菜栽培季节的确定方法

（1）根据设施类型确定栽培季节。不同设施类型综合性能不同，其适宜生产的时间是不同的。对于温度条件好，可周年进行蔬菜生产的加温温室以及改良型日光温室（有区域限制），其栽培季节确定比较灵活，可根据生产和供应需要，随时安排生产；温度条件稍差的普通日光温室和塑料拱棚等，其栽培期一般仅较露地提早或延后 15~40d，栽培季节安排受限比较大。

（2）根据市场需求确定栽培季节。设施蔬菜栽培应避免主要产品的上市期与露地蔬菜发生重叠。

二、蔬菜栽培制度

蔬菜栽培制度是指在一定时间内、一定土地面积上安排蔬菜布局和茬口接替的制度。它包括轮作、间作、套作、多次作及排开播种等，并与合理的施肥、灌溉、土壤耕作和休闲制度相结合。蔬菜栽培制度的主要特点在于广泛采用间套作等方式，增加复种指数，提高光能和土壤肥力利用率，重视轮作倒茬、冻地等制度来减轻病虫害，恢复和提高土壤肥力。

（一）连作和轮作

1. 连作　连作指在同一块土地上连续或连年栽培同一种植物。连作易造成相同病虫害的蔓延，产量逐年下降，如黄瓜枯萎病、茄子黄萎病等；连作常使土壤营养元素失调，同时，根系在生育过程中分泌的有机酸及有毒（或有害）物质也不易消除，致使植株生长不良。蔬菜连作危害在设施栽培中尤为突出，已成为设施蔬菜生产中亟待解决的问题。

2. 轮作　轮作指在同一块土地上，按一定年限，轮换栽种几种亲缘关系较远或性质不同的植物，通称"换茬"或"倒茬"。轮作是合理利用土壤肥力、减轻病虫害的有效措施。蔬菜轮作设计时，应遵循以下原则。

（1）吸收土壤营养不同、根系深浅不同的蔬菜相互轮作。例如，消耗氮肥较多的叶菜类，消耗钾肥较多的根茎菜类，消耗磷肥较多的果菜类轮作栽培；深根性的根菜类、茄果类、豆类、瓜类（除黄瓜），应与浅根性的叶菜类、葱蒜类等轮作。

（2）互不传染病虫害。同科蔬菜常感染相同的病虫害，制订轮作计划时，原则上应尽量避免同科蔬菜连作，调换种植管理性质不同的蔬菜，从而使害虫失去寄主或改变其生活条件，达到减轻或消灭病虫害的目的。如葱蒜类后种大白菜可减轻大白菜软腐病的发生；粮菜轮作、水旱轮作对控制土传病害也是非常有效的措施。

（3）改善土壤结构。在轮作制度中，适当配合豆科、禾本科蔬菜，可增加土壤有机质含量，改善土壤团粒结构，提高土壤肥力。薯芋类因其耕作较深，需中耕培土，杂草少、余肥多，也是改进土壤肥力的蔬菜。根系发达的瓜类和宿根性韭菜，较根菜类遗留给土壤的有机质较多，并有利于改善土壤的团粒结构。

（4）注意不同蔬菜对土壤酸碱度的要求。例如，甘蓝、马铃薯等种植后，能增加土壤的酸度，而甜玉米、南瓜、菜苜蓿等种植后，能降低土壤酸度，故对土壤酸度敏感的洋葱等蔬菜作为甘蓝的后作则减产。豆类的根瘤菌遗留给土壤较多的有机酸，连作常导致减产。

（5）考虑前作对杂草的抑制作用。前后作配植时，要注意前作对杂草的抑制作用，为后作创造有利的生长条件。一般胡萝卜、芹菜、韭菜、大葱等生长缓慢，易受杂草危害；而白菜类、瓜类等茎叶扩展迅速，覆盖面大，封垄快，可抑制杂草生长。因此，易受杂草危害的胡萝卜、芹菜、葱蒜类等蔬菜，应选南瓜、笋瓜、冬瓜、甘蓝、马铃薯等抑制杂草作用较强的蔬菜为前作。

在安排生产时，除遵循以上原则外，还需参照蔬菜种类和品种的特性及其发病情况等，

休闲农业园区植物配植

确定其可否连作或轮作,以及相间隔的年限。如普通白菜、甘蓝、花椰菜、芹菜、葱蒜类、慈姑等在没有严重发病地块上可适当连作,但需增施底肥;马铃薯、山药、生姜、黄瓜、辣椒等需间隔2~3年栽培;番茄、大白菜、茄子、甜瓜、豌豆、芋等需间隔3~4年栽培;西瓜需实行6年以上的轮作。一般禾本科蔬菜常连作,十字花科、百合科、伞形科蔬菜也较耐连作,但以轮作为好;茄科、葫芦科(除南瓜)、豆科、菊科受连作的危害较大。

(二)间作、套作和混作

两种或两种以上蔬菜隔畦、行或株有规则地栽培在同一块土地上称间作。如甘蓝可与番茄隔畦间作,大葱与大白菜可隔行间作。前作蔬菜生育后期在行间或株间种植后作蔬菜,前后作共生的时间较短称套作。如黄瓜、番茄架旁可套作芹菜、小白菜等。将不同蔬菜不规则地混合种植则称混作。如播大蒜时撒入菠菜种子。

正确运用间作、套作和混作技术,可以有效地抢季节、抓空间,充分利用太阳光能,使地尽其用;也有助于发挥几种蔬菜的互利作用,提高它们的抗逆性,从而在有限的土地上,变一收为多收,为市场提供丰富多样的产品。主作与间套作之间除了有互助互利的一面外,还有矛盾的一面。因此,实行间套作时,要根据各种蔬菜的特征,选择互助互利较多的品种实行搭配,还要因地制宜地采用合理的田间群体结构,以及相适应的技术措施,才能保证增产。所以间套作应遵循以下配植原则。

(1)合理搭配蔬菜的种类和品种。根据蔬菜根系有深有浅、植株有高有矮、叶形有圆有尖、特征有喜阴喜阳、熟期有快有慢等的不同,将它们合理搭配种植,对间套作田间高度密植在土、肥、水、气、光等方面出现的矛盾,有调节、缓和的好处。例如,深根的豆类与浅根性绿叶菜搭配;大架番茄、黄瓜与矮型甘蓝、矮生菜豆搭配;大蒜、洋葱的叶直立、横展小,在其生育前期,宜搭配叶圆、横展大的菠菜、小白菜;晚熟甘蓝的田埂上,宜间套作早熟的小萝卜;生姜不耐强光,夏季需遮阳,宜间套在喜光的瓜棚下等。这种做法的特点可以概括为"一深一浅、一高一矮、一尖一圆、一晚一早、一阴一阳"。

(2)安排合理的田间群体结构。应掌握好主副作合理的配植比例;加宽行距,缩小株距;前作利用后作的苗期,而后作利用前作早收获后的空间和土地。

(3)采取相应的栽培技术措施。生产过程中随时采取相应的农业技术措施,减轻主副作矛盾,保证其向互利方向发展;管理要及时、到位,以保证产量和品质。

(4)两种作物在水肥、通风等管理中矛盾不能太大。如大棚黄瓜不宜与花椰菜间作。

除了菜、菜间套作外,菜、粮(棉)及菜、果套作现象也较普遍。如马铃薯、洋葱、大蒜或菜豆套作玉米,秋季再套作大白菜或萝卜;大蒜、马铃薯套作棉花;果树行间栽种辣椒或其他蔬菜等。

(三)多次作和重复作

在同一块土地上,一年内连续栽培多种蔬菜植物,可收获多次称为多次作或复种制度。重复作是在一年的整个生产季节或一部分生长季节内连续多次栽培同一种蔬菜植物,多用于绿叶菜或其他生长期较短的蔬菜。如小白菜、小萝卜等。

我国北方各地的多次作(复种)制度,基本可以概括为以下5种类型。

(1)两年三熟。夏菜—越冬菜—夏菜(东北、西北和华北北部)。如黄瓜—埋头菠菜("土里捂"菠菜)—茄子。

(2)一年两熟。北方各地二作区应用较广的类型,较典型的是春夏和夏秋两茬。如早番茄、西葫芦—大白菜。

（3）一年三熟。越冬早春菜—早熟夏菜—秋冬菜（江淮、华北）。如早、中熟春白菜—黄瓜—大白菜。

（4）一年四熟。越冬早春菜—早熟夏菜—早熟秋菜—晚秋菜（江南、华中及华北部分地区）。如菠菜—四季豆—早秋白菜—晚秋白菜。

（5）一年多熟。越冬早春菜—早春菜—夏菜—速生伏菜—秋冬菜—冬菜（华南、北方地区设施栽培）。如芫荽—黄瓜—苋菜—小白菜—番茄—蒜苗。

科学安排茬口，就要综合运用轮作、间作、套作、混作和多次作等种植制度，实行用地与养地相结合，最大限度地利用地力、光能、时间和空间，实现高产优质、多种蔬菜的周年均衡生产。

三、蔬菜茬口安排

（一）蔬菜的季节利用茬口

季节茬口，是根据蔬菜栽培季节安排的蔬菜生产茬次。安排季节茬口除了必须依据温度外，还要参照光照、雨量、病虫害情况等其他外界因素。由于各地气候条件不同，蔬菜栽培的季节茬口不尽一致，露地栽培的季节茬口大体上可分为以下五茬。

（1）越冬茬。越冬茬又称过冬菜，根据当地冬季寒冷程度，通常选用耐寒和较耐寒的菠菜、芹菜、莴苣、小白菜、大蒜、洋葱、豌豆、蚕豆等蔬菜。一般秋季露地直播或育苗移栽，以幼苗露地过冬，翌年春季或初夏上市，成为供应"春淡"的主要茬口。收获早的越冬菜是春菜、夏菜的良好前茬；收获晚的，可间套作晚熟夏菜及芋、姜、山药等，也可作为伏菜的前茬，或经翻耕晒垡后种秋菜。

（2）春茬。春茬又称早春菜，多是一类耐寒性较强、生长期短的绿叶菜。如小白菜、茼蒿、菠菜、芹菜等，也可种植春马铃薯和冬季设施育苗、早春定植的耐寒或半耐寒的春白菜、春甘蓝、春花椰菜等。一般在早春土壤解冻后即可播种定植，生长期40～60d，采收时正值夏季茄果类、瓜类、豆类大量上市前，于过冬菜大量下市后的"小淡季"上市。

（3）夏茬。夏茬即春夏菜、夏菜，指春季终霜后才能露地定植的喜温蔬菜，是各地的主要季节茬口，如果菜类等，一般6～7月大量上市，形成旺季。因此，最好将早、中、晚熟品种排开播种，分期分批上市。一般在立秋前腾茬让地，后茬种植伏菜或经晒垡后种植秋冬菜，也可晒垡后直接种植过冬菜。

（4）伏茬。伏茬又称伏菜、火菜，是主要用来堵淡季的一茬耐热蔬菜。一般6～7月播种或定植，8～9月供应市场，如夏秋白菜、夏秋萝卜、蕹菜、苋菜、豇豆、夏黄瓜、夏甘蓝等。华北地区把晚茄子、辣椒、冬瓜延至9月腾地的称为恋秋菜、晚夏菜；长江流域把小白菜分期分批播种，一般播种20d左右即可上市，作为堵伏缺的主要蔬菜，后茬是秋冬菜。

（5）秋冬茬。秋冬茬又称秋菜、秋冬菜，是一类不耐热的蔬菜，如大白菜、甘蓝类、根菜类及部分喜温的果菜类、豆类及绿叶菜，是全年各茬种植面积最大的季节茬口。一般于立秋前后播种或定植，10～12月供应上市，也是冬春储藏菜的主要茬口，其后作为越冬菜或冻垡休闲后翌年春季种植早春菜、夏菜。

（二）蔬菜的土地利用茬口

土地茬口，指在同一地块上，全年安排各种蔬菜的茬次。如一年一熟（茬）、两年三熟、一年两熟、一年三熟、一年多熟等，土地茬口与复种指数有密切关系。根据各地自然资源和生产条件等方面的差异，土地茬口的基本规律是：东北、西北、内蒙古、新疆、青藏高原地区属于一年一主作菜区，华北地区属于一年二主作菜区，华中地区为一年三主作菜区，华南、西南地区则为一年多主作菜区。这都是针对一年中露地蔬菜栽培生长期在80d以上的蔬菜茬次而言，若利用生长期短的早熟品种、间套作复种技术、设施栽培，则各菜区均成为形式繁多的蔬菜茬口。

　　季节茬口和土地茬口在生产计划中共同组成完整的蔬菜栽培制度。茬口安排是当年和两三年内在同一块土地上安排蔬菜的种植茬次，以提高土地的利用率和单位面积产量。广大劳动者在长期生产实践中摸索出了合理的茬口安排，相互补充、相互配合，基本实现了蔬菜的周年均衡生产，但茬口之间也存在互相矛盾的一面，过多或不适当地调整某一类型，势必会影响其他类型的比重，造成其他不应有的新的缺菜季节。所以，必须根据生产条件和市场需求等因素全面安排，确定茬口的合理比例，以确保蔬菜的周年均衡生产和供应。

 黄瓜生长特性观察

 黄瓜杂交种种子生产

 辣椒常规品种种子生产

 无籽西瓜制种技术

 茄子点花及再生栽培技术

【思考题】
1. 常见蔬菜有哪些类型？有哪些稀特蔬菜？
2. 如何确定蔬菜的栽培季节？
3. 根据你所在地区的自然环境和技术水平，安排蔬菜周年生产茬口。

第五章
花卉配植技术

 教学目标

1. 认识常见的花卉。
2. 指导常见花卉的繁殖方式及花期。
3. 掌握花期调控的原理及方法。

第一节 常见花卉介绍

一、一二年生花卉

一二年生花卉通常是指一年生花卉、二年生花卉和多年生但作一二年生栽培的花卉。一年生花卉是指生命周期经营养生长至开花结实、最终死亡在一个生长季节内完成的花卉，一般春季播种，夏秋季开花结实，入冬前死亡；典型的一年生花卉如鸡冠花、百日草、半支莲、翠菊、牵牛花等。二年生花卉是指生命周期需经两个年度或两个生长季节才能完成的花卉，即播种后第一年仅形成营养器官，翌年开花结实而后死亡；如风铃草、毛蕊花、毛地黄、美国石竹、紫罗兰、桂竹香、绿绒蒿等。多年生作一二年生栽培的花卉如一串红、矮牵牛、石竹、金鱼草等花卉，在其原产地为多年生，但引种到北方后由于栽培习性的改变，大多作为一二年生栽培花卉观赏。

一二年生花卉因具有种类繁多、品种丰富、花期集中、花色丰富艳丽、繁殖简单、生长发育周期短等特点，故可作为花坛用花的主要材料，或在花境中利用不同花色成群种植，也可植于窗台花池、门廊栽培箱、吊篮、旱墙、铺装岩石间及岩石园。另外，矮生类适于盆栽，高生类还可用作生产切花。

一年生花卉喜温暖，不耐冬季严寒，大多不能忍耐0℃以下的低温。二年生花卉喜冷凉，耐寒性强，可耐0℃以下的低温，大多数喜阳光充足，仅少数部分喜半阴环境，如夏堇、醉蝶花、三色堇等。一二年生花卉对土壤要求不严，除了过于黏重和过度疏松的土壤，都可以生长。不耐干旱，根系浅，易受表土影响，要求土壤湿润。

一二年生花卉皆采用播种繁殖方式。一年生花卉春季播种，北方地区4月上中旬，南方地区2月下旬至3月上旬。为了提早开花，北方可在冷床提前播种，一般在3月中、下旬。二年生花卉秋季播种，南方较迟，9月下旬至10月上旬；北方较早，9月上旬至9月中旬。在冬季特别寒冷地区，皆春播，如青海。直播花卉常用撒播，覆土厚度以不见种子为度；也可沟播，深约1.5cm。幼苗出土后，逐渐去掉覆盖物并及时间苗。在苗床中育苗的花卉，一年生花卉在幼苗出土后去掉覆盖物，待幼苗长到3～4片真叶时进行第一次裸根移植，经1～2次移植后进入开花期，即可定植到花坛中；二年生花卉8～9月播种，10月底到11月初移入阳畦越冬，3月上旬出阳畦并摘心，初花期定植于花坛中或上盆。

（一）一串红

一串红别名墙下红、草象牙红、爆竹红、西洋红、洋赦桐、撒尔维亚，为唇形科鼠尾草属，原产于巴西，现各国广泛栽培。19世纪初引入欧洲，约100年前育出了早花矮性品种，首先在法国、意大利、德国等国栽培。1900年左右培育成30～50cm高的火球和妙火，至今仍为盆栽和切花生产的优良品种。

1. 形态特征 多年生亚灌木作一年生栽培。茎直立，基部多木质化，光滑有四棱，高50～90cm，茎节长，为紫红色。叶对生，卵形至心脏形，叶柄长6～12cm，顶端尖，边缘具牙齿状锯齿。顶生总状花序，被红色柔毛，有时分枝长达5～8cm；花有2～6朵，轮生；包片红色，卵形萼钟状，当花瓣衰落后花萼宿存，鲜红色；花冠唇形筒状伸出萼外，长达5cm；花冠及花萼色彩艳丽，有鲜红、粉、红、紫、淡紫、白等颜色及矮性变种。花期7～10月，果熟期8～10月。种子生于萼筒基部，成熟种子为卵形，浅褐色，千粒重2.8g。

2. 生态习性及配植 一串红不耐寒，多作一年生栽培。最适生长温度为20～25℃，当温度低于14℃时会阻碍茎的伸长生长，并使叶片变黄至脱落；30℃以上则花叶变小，温室培养一般保持在20℃左右。一串红要求阳光充足，但也能耐半阴，原为短日照植物，后经人工培育出中日照和长日照品种。一串红喜疏松肥沃、排水良好的土壤，盆土用沙土、腐叶土等混合配制，土肥比以7∶3为宜。生长期间施用稀释1 500倍的硫酸铵，可以改变叶色，效果良好。

一串红花色艳丽，花朵繁密，是花坛的主要材料，也可作花带、花台等。矮生种还可以上盆作为盆花。

（二）矮牵牛

矮牵牛别名草牡丹、碧冬茄、灵芝牡丹，为茄科碧冬茄属，原产于南美洲，各地广泛栽培。

1. 形态特征 一年生或多年生草本，北方多作一年生栽培。株高10～40cm，全株被腺毛。茎稍直立或倾卧。叶片卵形、全缘，大多无柄，下部多互生，上部嫩叶略对生。花单生叶腋或顶生；花萼五裂，裂片披针形；花冠漏斗状，先端具波状浅裂；花瓣变化多，有单瓣、重瓣、半重瓣、瓣边有波皱等种类；花径5～8cm；花色丰富，有白、红、粉、紫及中间各种花色，还有许多镶边品种等；花期6～10月。果实为蒴果，尖卵形，二瓣裂。种子细小，千粒重0.16g。

2. 生态习性及配植 矮牵牛原产于南美洲，喜温暖，不耐寒，干热季节开花繁茂。喜排水良好的微酸性疏松沙质壤土，忌积水。要求光照充足，如遇阴凉天则花少而叶茂。种子细小，发芽率一般在60%以上。

矮牵牛主要采用播种繁殖，但一些重瓣品种和特别优异的品种需采用无性繁殖，如扦插和组织培养。

矮牵牛是花坛及露地园区绿化的重要材料，也可作盆栽供室内观赏，在温室中栽培可四季开花。

二、宿根花卉

宿根花卉是指个体寿命超过两年，能多次开花结实，且地下部形态正常、不发生变态的多年生草本花卉。宿根花卉的寿命可以延续许多年，每年地上部枯萎，地下部仍然保持生命，翌年再萌芽生长、开花。宿根花卉在观赏用途上，可以用来布置庭园花坛，也可以盆栽或作切花材料，尤其在插花作品中，宿根花卉是主要花材，如菊花、香石竹、花烛、满天星、非洲菊、天堂鸟等均很常见。

宿根花卉根据生活类型可分为两类：一类是落叶宿根花卉，即秋季地上部枯萎，以其宿存的地面芽、地下芽及根系越冬，翌年春季再度萌发、生长、开花结实，该类花卉耐寒性强，如芍药、菊花、玉簪、萱草、鸢尾等。另一类是常绿宿根花卉，即地上部一年四季常绿，无明显落叶期，该类花卉一般不耐寒，在南方温暖地区可露地越冬，在寒地需温室栽培，如香石竹、君子兰、非洲菊、麦冬、竹芋等。

大多数宿根花卉都具有较强的抗性，如耐旱、耐寒、耐湿、耐瘠薄、耐盐碱和石灰质土壤等。如鸢尾属植物马蔺，不仅耐干旱瘠薄、耐盐碱，养护简单，管理粗放，而且病虫害较少。大多宿根花卉在繁殖技术上没有特别的要求，一般采用常规的播种、扦插、分株等方法即可，只要在适宜的繁殖季节采用科学管理方法，都能获得较高的繁殖系数。宿根花卉在栽培技术上相对容易，可粗放管理；而且种植后可连续生长多年，多次开花，无需年年更换，因而大大降低了种植成本，非常适合休闲农业园区绿化。

（一）鸢尾

鸢尾别名紫蝴蝶、蓝蝴蝶、扁竹花，为鸢尾科，原产于我国中部，各地广泛栽培。缅甸及日本也有分布。

1. 形态特征　　多年生直立草本宿根花卉，高30~50cm。根状茎匍匐多节，粗而节间短，浅黄色。叶渐尖状剑形，长30~45cm，宽2~4cm，质薄，淡绿色，呈两纵列交互排列，基部互相包叠。春至初夏开花，总状花序1或2枝，每枝有花2~3朵；花蝶形，花冠蓝紫色或紫白色，径约10cm，外3枚较大，圆形下垂，内3枚较小，倒圆形；外列花被有深紫色斑点，中央面有1行鸡冠状白色带紫纹突起；雄蕊3枚，与外轮花被对生；花柱3歧，扁平如花瓣状，覆盖着雄蕊。花高出叶丛，有蓝、紫、黄、白、淡红等颜色，花形大而美丽；花期4~6月，鸢尾花因花瓣形如鸢鸟尾巴而得名。果期6~8月，蒴果长椭圆形。

2. 生态习性及配植　　鸢尾自然生长于向阳坡地、林缘及水边湿地。性强健，耐寒力强，喜排水良好、适度湿润的壤土，也能在沙质土、黏质土上生长，较耐干燥。喜阳光充足，亦耐半阴环境。

鸢尾多采用分株或播种法繁殖。分株可在春季花后或秋季进行，一般种植2~4年后分栽1次。分割根茎时，注意每块应至少有1芽，最好有芽2~3个，种后浇透水。采用播种的方法繁殖时，种子成熟后应立即播种，播前浸水24h，再冷藏10d，播于冷床中，保湿，

10月即可发芽，待长出3~4片真叶时即可定植，播种后2~3年可开花。

鸢尾叶片碧绿青翠，似剑若带，花形大而奇特，宛若翩翩彩蝶，具有极高观赏价值，是园区绿化的重要花卉之一，可用于花坛、地被，或栽植于水边、路旁，也是优美的盆花及切花材料。若与其他种类的鸢尾搭配，可建成鸢尾类专类花园。

（二）香石竹

香石竹别名康乃馨、麝香石竹、荷兰石竹，为石竹科石竹属。原产于欧洲南部、地中海沿岸至印度地区，现在各国广泛栽培，主要产区有哥伦比亚、意大利、西班牙、日本、肯尼亚、荷兰、美国、以色列等。我国大规模生产香石竹是从20世纪80年代中期以后开始的，发展迅速，主要产区有云南、上海、广州等地。

1. 形态特征　多年生常绿草本宿根花卉。株高30~100cm，茎直立、簇生、光滑，微具白粉，茎基部半木质化，茎上有膨大的节，茎秆硬而脆。因茎秆挺拔直立犹如翠竹而得此名。叶交互对生，线状披针形，全缘，基部抱茎，表面具白粉而呈灰绿色，有较明显的叶脉3~5条。花单生茎顶或2~3朵簇生，具香味；花色丰富，有白、粉、红、紫、黄及杂色等；花瓣单瓣或重瓣，花瓣倒广卵形，边缘不整齐或呈波状；花朵直径5~10cm。蒴果，种子黑色。香石竹的正常花期是5~10月，如采用温室或大棚生产，可周年开花。

2. 生态习性及配植　香石竹不耐寒或半耐寒，喜凉爽而不耐炎热，生长适宜温度白天20℃左右，夜间10~15℃，不同品种对温度的要求有差异；能耐一定低温；喜排水良好、腐殖质丰富、保肥性能良好的黏质土壤；喜温暖、干燥、空气流通及阳光充足的环境；忌连作及水涝。

香石竹播种、扦插、组织培养均可繁殖，但在切花生产中，主要以扦插为主。为了获得无病毒苗，也常用组织培养。

香石竹花枝长，花朵色彩艳丽而丰富，有香味，瓶插寿命长，主要用于切花，可制作花篮、花束或用于艺术插花，各国均广泛栽培，是国际市场上的重要切花种类，世界著名的四大切花之一。人们一直视香石竹为慈母之爱的象征，很多人在母亲节这一天，会向母亲献上一束香石竹以表示对母爱的回报及崇敬。矮型的香石竹也可用于盆栽及园区绿化。

三、球根花卉

在不良条件下，球根花卉地下部的茎或根膨大形成球状或块状的储藏器官来度过休眠期，环境适宜时继续生长并开花。球根花卉种类多，品种丰富，适应性强，栽培容易，可多年生长、开花，花色鲜艳。种球便于运输和储藏，广泛应用于花坛、花境、花带、岩石园或作地被、基础栽植等园区布置，也适宜作盆栽或水养观赏，更是重要的切花材料，如唐菖蒲、郁金香、百合、马蹄莲等。许多球根花卉具有香味，如晚香玉、铃兰等，可作香料植物栽培。

根据球根的形态和变态部位，球根花卉可分为五大类。

（1）鳞茎类。鳞茎是变态的枝叶，其地下茎短缩，呈圆盘状的鳞茎盘，其上着生多数肉质膨大的变态叶鳞片，整体呈球形。鳞茎盘的顶端为生长点（顶芽），鳞片多由叶基或叶鞘基肥大而成。

（2）球茎类。地下茎短缩膨大呈实心球状或扁球形，其上着生环状的节，节上着生叶鞘和叶的变态体，呈膜质包被于球体上。顶端有顶芽，节上有侧芽，顶芽和侧芽萌发生长形成新的花茎和叶，茎基则膨大形成下一代新球。

（3）块茎类。地下茎变态膨大，呈不规则的块状或球状，但块茎外无皮膜包被，如花叶芋、仙客来等花卉。

（4）根茎类。地下茎呈根状肥大，具明显的节与节间，节上有芽并能发生不定根，根茎往往横向生长，地下分布较浅，又称为根状茎。其顶芽能发育形成花芽而开花，侧芽形成分枝，如美人蕉、姜花、红花酢浆草、铃兰、六出花等。

（5）块根类。块根为根的变态，由侧根或不定根膨大而成，其功能是储藏养分和水分。块根无节、无芽眼，只有须根。发芽点只存在于根颈部的节上，如大丽花、花毛茛等。

(一) 郁金香

郁金香别名草麝香、洋荷花，为百合科郁金香属，原产于地中海沿岸、中亚细亚、土耳其等地，中亚为分布中心。我国约有14种，主要分布在新疆地区，如伊犁郁金香、准噶尔郁金香等。

1. 形态特征　多年生草本球根花卉，鳞茎呈扁圆锥形，表面有一层淡黄或棕褐色干燥膜质假鳞片。茎直立、光滑具白粉。叶通常为2～4片，叶片着生于茎的中下部，基部为广阔卵形，上部长而渐尖，整体呈阔披针形或卵状披针形，叶片肥厚多汁，表面有浅蓝灰色蜡质层。花单生茎顶，花冠呈直立杯状或碗形等其他形状，花被片6枚，花被内侧基部常有黑紫或黄色色斑，花色多样，有白、粉红、鲜红、大红、紫红、淡黄、橙黄、淡紫、深紫、深棕、黑色等。雄蕊通常6枚，3枚为一轮，花药基部着生，紫色、黑色或黄色。雌蕊柱头3裂，子房上位，3室。蒴果，室背开裂，种子扁平近三角形。

2. 生态习性及配植　郁金香适宜富含腐殖质、排水良好的沙土或沙质壤土，最忌黏重、低湿的冲积土。耐寒性强，地下部球根可耐-35℃的低温，但生根需5～14℃，尤其9～10℃最为合适，生长期适宜温度为5～20℃，最适温度15～18℃。郁金香的花芽分化在鳞茎储藏期内完成，适宜温度为17～23℃。花期为3～5月，花白天开放，傍晚或阴雨天闭合。

郁金香常用的繁殖方式有分球繁殖和播种繁殖。

郁金香是重要的春季球根花卉，以其独特的姿态和艳丽的色彩赢得各国人民的喜爱，成为胜利、凯旋的象征。郁金香花期早、花色多，可作切花、盆花，在休闲农业园区中最宜作春季花海、花坛布置或草坪边缘呈自然带状栽植。

(二) 百合

百合别名强瞿、强仇、百合蒜，为百合科百合属，主要分布于北半球的温带和寒温带地区，热带高海拔山区也少有分布，而南半球几乎没有野生种。我国是世界百合属植物的主要产地之一，也是全球百合的起源中心。百合在我国27个省份都有分布，其中以四川西部、云南西北部和西藏东南部种类最多。

1. 形态特征　百合为多年生草本，地下具鳞茎，呈阔卵状球形或扁球形，由多数肥厚肉质的鳞片抱合而成，外无皮膜，大小因种而异。地上茎直立，高50～100cm。叶多互生或轮生，线形、披针形、卵形或心形，具平行脉，叶有柄或无柄。花单生、簇生或成总状花序，花大，有漏斗形、喇叭形、杯形和球形等；花被片6枚，内、外两轮离生，由3个花萼片和3个花瓣组成，萼片比花瓣稍窄，重瓣花有瓣6～10枚；花色丰富，花瓣基部具蜜腺，常具芳香；雄蕊6枚，花药丁字形着生；柱头三裂，子房上位。蒴果3室，种子扁平。花期初夏至初秋。染色体数$n=12$。

2. 生态习性及配植 百合类大多性喜冷凉、湿润气候，耐寒，大多数种类、品种喜半阴的环境。要求腐殖质丰富、多孔隙疏松、排水良好的壤土，多数喜微酸性土壤，有些种和杂种能耐适度的碱性土壤，适宜pH为5.5～7.5，忌高盐分土壤。生育和开花的适宜温度为15～20℃，5℃以下或30℃以上时，生育近乎停止。

百合的繁殖方法较多，以自然分球法最为常用，也可分珠芽、鳞片扦插、播种。

百合有"百事合意，百年好合"之意，其中白百合代表少女的纯洁，在欧洲被视为圣母玛利亚的象征，深受各国人民的喜爱。百合花期长、花姿独特、花色艳丽，在园区中宜片植于疏林、草地，或布置花境。经济栽培常作鲜切花，也是盆栽佳品。

四、木本花卉

木本花卉是指植物体茎、枝木质化的多年生花卉，其生长年限及寿命较长，一般达到生殖年龄后，可连年开花。一般情况下，人们所说的木本花卉主要指以观花为主的木本植物，如牡丹、梅花、樱花、茶花、杜鹃等；有时木本花卉泛指具有观赏价值的木本植物，包括观叶、观树类植物，如小叶榕、龙柏、竹类、香樟、棕榈等。

木本花卉具有抗逆性强、管理粗放、养护成本低等特点，是休闲农业园区绿化和风景区绿化布置的主要材料。

木本花卉按其生长类型可分为乔木、灌木和藤本花卉3种类型。

（1）乔木花卉。乔木花卉植株高大（低者6m，高的数十米），有明显的主干。主要用于园区绿化，多数不适于盆栽，少数花卉如桂花、白兰、柑橘等亦可作盆栽观赏。

（2）灌木花卉。灌木花卉树体矮小（通常在6m以下），主干低矮或无明显主干。多数适于盆栽，如牡丹、月季、栀子花、蜡梅等。

（3）藤本花卉。藤本花卉枝干生长细弱，不能直立，但能缠绕或攀附他物而向上生长，如紫藤、金银花、油麻藤等。在栽培管理过程中，通常设置一定形式的支架，使藤条附着生长。

（一）牡丹

牡丹为毛茛科芍药属，原产于我国西北部，分布极为广泛。露地栽培北起哈尔滨、尚志、西至兰州、西宁、乌鲁木齐，南到广东，以及东南沿海各省份。牡丹虽能在全国栽培，但以黄河流域、江淮流域栽培为宜。当今，河南洛阳、山东菏泽成为我国牡丹主要的生产基地、良种繁育基地以及游览观赏中心。

我国牡丹早在唐朝（公元8世纪）已传入日本，明朝及20世纪30年代日本又大量引种。1656年传入欧洲，首先传入荷兰，1787年传入英国，1883年我国黄牡丹与紫牡丹传入法国，20世纪初又传入美国。

1. 形态特征 落叶小灌木。茎高1～2m，甚至可达3m。枝条从地面丛生而出，节部和叶痕明显。肉质直根系，无横生侧根。二回三出羽状复叶，具长柄。花单生枝顶，大；萼片5个，绿色；花瓣原为5～6朵，现栽培品种多为重瓣花；花色丰富，有黄、白、红、粉、紫、绿等颜色；花期4～5月。蓇葖果，种子黑色。

2. 生态习性及配植 牡丹具有"宜冷畏热、喜燥恶湿、栽高敞向阳而性舒"的特点。喜温凉气候，较耐寒，不耐湿热，有较广的生态适应幅度，在全国栽培分布跨越3个气候带。牡丹喜光，也较耐阴，如果稍作遮阳（尤其在高温多湿的长江以南地区），避开太阳中午或午后直射，对生长开花有利，也有利于花色娇艳和延长观赏时间。夏秋季雨水过多，叶片早落，易发生秋季开花现象。喜疏松肥沃、通气良好的壤土或沙壤土，忌黏重土壤或低洼积水地。土壤从微酸性、中性到微碱性均可，但以中性为宜。

牡丹可以采用分株、嫁接、扦插和播种等多种方法繁殖，其中最常用的是前两种方法。

牡丹为我国特产，传统名花，雍容华贵，国色天香。自古被尊为花中之王，有富贵花之称。长期以来，我国人民将牡丹作为幸福、美好、吉祥和繁荣昌盛的象征而广为栽培，历来深受国人喜爱，在唐代就有"唯有牡丹真国色，花开时节动京城"的栽培盛况。牡丹以其万紫千红的艳丽色彩及花团锦簇的强烈装饰效果成为园区中的重要景观，可在休闲农业园区中建成牡丹专类园或在林缘、草坪及山石边、墙脚作自然丛植或群植，也可用于布置花坛。牡丹还是极好的盆栽花卉，用于室内摆设，常与玉兰花、海棠花、迎春花等摆放在一起，寓意"玉堂春富贵"。牡丹插花也深受人们喜爱，可作中型、大型插花作品，装饰效果好，适于布置厅堂、会议室、书房、居室等。

（二）杜鹃花

杜鹃花别名山石榴、山踯躅、映山红、金达莱（朝鲜语），为杜鹃花科杜鹃花属，广布于欧洲、亚洲、北美洲地区，主产于东亚和东南亚地区，仅一种延至热带地区澳大利亚。我国除新疆外南北各地均有分布，但主要集中分布在西藏东南、云南西北和四川西南部，是全球杜鹃花的分布中心。各国均有栽培。

1. 形态特征 灌木或乔木，有时矮小成垫状，陆生或附生；叶常绿或落叶，具叶柄，互生或数片聚生近似轮生，革质或少数落叶种类叶片纸质，全缘。花芽被多数形态大小有变异的芽鳞。花大，通常排列成伞形或短总状花序，稀单花，花序通常顶生，有时腋生；花冠漏斗状、钟状、管状或高脚碟状，整齐或有时两侧略对称，通常5裂，少有6~8裂；花萼5裂，极个别6~8裂，或环状不裂，宿存；雄蕊5~10枚，极个别25~27枚；子房上位。蒴果，花萼宿存，室间开裂。种子细小极多，锯屑状，常有狭翅，有时两端有尾状附属物。

2. 生态习性及配植 杜鹃花多数种产于高海拔地区，喜凉爽、湿润气候，忌酷热干燥。要求富含腐殖质、疏松、湿润及pH 5.5~6.5的酸性土壤。部分种及园艺品种的适应性较强，耐干旱、瘠薄，土壤pH 7~8也能生长。但在黏重或通透性差的土壤上，生长不良。杜鹃花对光有一定要求，但不耐暴晒，夏秋季需要乔木或阴棚遮挡烈日，并经常用水喷洒地面。杜鹃花抽梢一般在春秋两季，以春梢为主。最适宜的生长温度为15~20℃，气温超过30℃或低于5℃则生长停滞。

杜鹃花可用播种、扦插、嫁接及压条等方法繁殖。目前批量生产大都采用营养繁殖法中的扦插法，嫁接主要用于制作杜鹃盆景。

杜鹃花花繁叶茂，绮丽多姿，多数种类过冬不凋，四季常青，观赏价值极高，历来深受人们喜爱，是我国十大传统名花之一，也是当今世界上最著名的花卉之一，被誉为"花中西施"。杜鹃花萌发力强，耐修剪，根桩奇特，是优良的盆景材料；也是园区中不可或缺的绿化材料，宜在林缘、溪边、池畔及岩石旁成丛、成片栽植，也可于疏林下片植。

第二节 花卉的花期控制原理与技术

花期控制又称催延花期。根据植物开花习性与生长发育规律，人为地改变花卉的生长环境并采取某些特殊技术措施,使之提前或推迟开花,这种技术措施,称为花期控制。较自然花期提前开花的为促成栽培,较自然花期推迟开花的为抑制栽培。

花期控制可使花卉集中在同一时间开花,以举办展览会,也能为节日或其他需要定时提供花卉,满足节日、庆典等大型活动的需求。利用花期控制技术,可以使之周年开花,满足人们的特殊需要,解决市场上的旺淡矛盾。为了调节花卉市场的供销平衡,为了培育出更多、更美的优良花卉新品种,花期控制技术可以使不同期开花的父母本同时开花,解决杂交授粉上的矛盾,有利于育种工作。在掌握开花规律后把一年一次开花改为一年两次或两次以上,缩短栽培期,提高切花产量。

一、花期控制的历史与现状

我国花卉种质资源丰富,更有悠久的栽培历史与精湛的技艺。人们利用各种栽培技术,使花卉在自然花期之外,按照人们的意愿,适时开放,即"催百花于片刻,聚四季于一时"。武则天调令百花在隆冬开花,牡丹违命,贬赴洛阳等,至今引为趣谈。唐宋是我国历史上政治稳定、文化繁荣、经济发展的昌盛时期,花卉产业也得到发展。当时宫廷与民间养花、插花之风盛行。北方冬季常用暖室以火炕增温的办法使牡丹、梅花等提前于春节盛开。但应用范围小,方法也不多。

随着科学理论的提高与现代技术的发展,人们控制花期的理论依据更加符合客观规律,采取的措施更加先进有效。在现代花卉栽培中,花期催延技术(即花期控制技术)应用更为普遍,花卉栽培者、花卉研究者及花卉爱好者等在这方面所做的试验、研究、工作也更多更广更深入。

在我国,菊花、大丽花、一品红、百合、唐菖蒲、朱顶红、茉莉、紫薇、丁香等花卉的花期控制已有较为成熟的经验和配套技术,如上海、北京、南京、广州、深圳、郑州等大中城市的花卉栽培者都能通过控制花期而实现百花齐放。上海园林部门最早开展花期控制的研究工作,在菊花、唐菖蒲、大丽花、百合、球根鸢尾、朱顶红等取得了成功的经验,参加过1955年冬季的农业展览会;1959年为庆祝新中国成立10周年,在上海动物园举办了大型百花齐放展览会,使四季名花同时怒放;1960年,分别在6个节日举办了展览会,取得了上海地区不同季节花期控制的经验;1977年10月,在上海复兴公园举办第二次全市百花齐放展览会,花卉品种增加到200多种,牡丹、茶花、紫藤都茂盛开花,网球花依展出的需要随时开放。

促进开花由于具有缩短栽培期的效果,故有较高的生产价值。把花期控制的方法应用在一品红上,在不足一年的时间里可以连续开花3次,使原来需要一年的养护时间减少为3～4个月;用于菊花栽培,4个月就可开花;用于紫薇、丁香、金钟花等,一年中可开两次花;用于茉莉、硬骨凌霄,也能增加开花次数。这些都说明花期控制在生产上巨大的应用价值。

在发达国家,花卉控制技术应用更广泛,特别是一些重大节日,如圣诞节、元旦、感恩节、复活节、情人节、母亲节等,都能通过促进栽培而使很多花卉应时开放,使得节日花卉市场绚丽多彩。日本的很多研究项目也都与节日市场对花期控制的需要有关。

二、影响植物成花的内在因素

影响植物开花的因素不外乎内因与外因。内因有植物的营养生长状态、养分的积累、遗传特性、内源激素条件等。外因有植物所处的生长环境因子，如温度、光照、土壤条件、水分、肥料等。

要使观赏植物按照人们的意愿、应用需求等应时开花，必须首先掌握植物的生长发育规律以及它们对环境条件的具体要求，然后采取适当的控制技术达到所需的目的。

(一) 营养生长

植物开花前必须有一定的营养生长，以积累足够的营养物质，才能进入花芽分化，否则不能开花或开花不良。如紫罗兰长到15片叶时才能进入生殖生长期；球根花卉的开花球必须达到一定的规格大小才能正常开花，否则栽植当年难以开花或开花细弱；风信子球径（指周径而非直径）应不低于19cm；郁金香要有4~5片叶。从观赏角度看，开花植物也应有适当大小的体形，才能显示出花叶并茂的美丽。

(二) 花芽分化

植物由营养生长期进入生殖生长期的标志是花芽分化，花芽分化前的营养状况必须达到开花的标准。根据"碳/氮比学说"理论，植物只有经过营养生长，积累了充足的糖类而含氮量中等时才能进行花芽分化；植株过分徒长，以致含氮量过高则不利于花芽分化；营养生长不足，能量储备不足，碳/氮比过低，也不能顺利进行花芽分化。该学说现在虽有争议，但从生产实践上观察，给植物供肥太多，就会只长叶不开花；供肥太少植物过分瘦弱，往往也不开花。花芽分化前的营养状况应是中庸的、充实的。

花芽分化对温度也有一定的要求。各种植物花芽分化的温度不尽相同，生长的适宜温度也不一定相同，有的需要高温分化花芽，有的需要低温分化花芽。高于或低于其花芽分化的临界温度时，就不能分化花芽。有的植物如冬性花卉，花芽分化前还必须经过低温阶段（春化阶段），如三色堇、报春花等。

植物的花芽分化还受光周期影响，其需要的光周期因植物种类不同而不同，品种间也有差异。短日照植物只能在短日照条件下完成花芽分化，如菊花、一品红等；长日照植物则正好相反，如凤仙花、紫薇等。植物感受光周期的部位，主要是充分展开的成熟叶，而反应效果则表现在芽上，且可通过嫁接方法诱导植物叶片的感受，传递到未被诱导植物的先端使花芽分化。

(三) 花器官的形成与发育

花芽分化后不一定都能顺利地形成各种花器官或不一定能正常地生长发育而开出高质量的花朵。一方面，要求有适当的温度和光照，如很多花卉在春末夏初就完成了花芽分化，但必须到秋季，花芽才能膨大发育至开花；若光照不足就会只长叶片而不能形成花朵，甚至花芽萎缩、掉蕾，如月季在适宜温度条件下，产花量及花朵的大小、质量等与光照呈正相关关系。另一方面，光周期也影响一些花器官的形成与发育，如菊花必须在短日照条件下进行花芽分化，而且花蕾的形成与发育也必须在短日照下进行，否则会出现花蕾畸形或逆转到营养生长阶段。但是，大多数花卉器官的形成与发育不受光周期的影响。

(四) 休眠

多年生球根花卉、宿根花卉以及木本花卉，通常都有一个休眠期，主要是因为外界环境不利于生长发育，影响因子有温度、光照和水分。

导致植物休眠的因子主要是光照，其次是温度和水分。秋季短日照和低温使很多植物进入休眠，夏季的长日照、干旱、高温也能导致一些植物进入半休眠。一旦环境条件转变，就

休闲农业园区植物配植

能迅速恢复生长。长日照、高温也能促使一些球根休眠。在休眠期内，植物内部仍进行复杂的生理生化活动，很多植物的花芽分化就在休眠期内进行。一般北方物种休眠所需要的低温偏低，时间较长；而南方物种休眠所需的低温偏高，时间较短。

延长低温时间，可使植物继续休眠。在花卉栽培中经常人为地延长或缩短休眠期，以控制花期。例如，将种球储藏在低温干燥的环境中，可延长休眠时间，从而延迟栽种期和开花期。

（五）植物的开花习性

植物的花的形成与开花因种类、品种而异，有春夏季开花的，有秋冬季开花的；有一年多次开花的，有一年或两年以上开一次花的，更有几年才开一次花的。一二年生草本花卉、球根花卉，达到开花龄时间的迟早由各自的遗传性决定，有很大的差异。

幼嫩的植物未到成熟期前，是不会开花的，成熟期以前的生长阶段为幼年期。从幼年期到成熟期之间的变化称为阶段化。这个变化虽然与年龄、体量有关，但不完全取决于这两者，关键在于植物体在个体发育过程中必须完成一定的生理变化。

不同植物通过幼年期所需时间长短也不同。草本植物所需要的时间较短，如短日照花卉矮牵牛，当种子萌芽2～3d后，在子叶期，给以短日照处理，就可以接受诱导而开花。木本植物则需要较长的时间，俗话说"桃三李四杏五年"，即桃、李、杏自嫁接至开花结实需要的时间分别是3年、4年和5年；需要时间较短的有矮生花石榴，自播种至开花仅需要7～8个月；丁香、连翘需要3～5年，玉兰需要7～8年。多年生木本植物虽达到成熟期的时间长短不同，但一旦达到成熟期后，只要养护管理适当，则可连年开花。剑麻、龙舌兰、铁树等达到开花龄所需的时间较长，十几年才可开花。毛竹如果栽培管理精细，生长势强可几十年都不开花，一旦开花即进入衰老而死亡，在一个生命周期内只开一次花。

三、影响植物开花的环境因素

每种植物正常开花都要求一定的环境条件，若环境条件不符合其要求，即使花芽分化正常、花蕾发育正常，也会因环境不适而很快落蕾或萎缩。如蜡梅、梅花、水仙等都不能在夏季常温下开花。

（一）光照

光照对花的形成起着最有效的作用，阳性植物只能在阳光充足的条件下形成花芽而开放。以水生的荷花为例，在阳光不甚充足的遮阳条件下，叶面舒展肥大，生长旺盛，但往往达不到开花的目的。即便是阴生花卉，光照不足也形不成花芽，以茶花为例，在花芽分化的夏季，如果在阴棚下养护，叶色油绿，枝条茂盛，节间较长，但形不成花芽。植物只有在阳光充足的条件下，花芽形成较多，这主要是由于阳光充足，促进了光合作用，植物体的有机营养物质有所积累，为花的形成打下了物质基础，同时光照促进细胞的分化，有利于花原基的形成。

昼夜长短影响植物开花的现象称为光周期现象，是诱导花芽形成最有效的外因。光周期是指一定时间内光的明暗变化，对植物从营养生长到花原基的形成至开花，常起决定性的作用。每种植物都需要一定的日照长度和相应的黑夜长度的相互交替，才能诱导花的发生和开花。光周期反应不需要在植物全部生活期进行，只需要在生殖器官形成前较短的一段时间内，得到所要求的长日照或短日照就可以。

大多数开花植物均在光照下开花，而昙花则在黑暗条件下开花，一般在夜间10～12时开放。牵牛花只在清晨开花，光照强时则闭合，开花时间仅几小时。合欢、荷花、牡丹、扶桑等多种花卉均白天开花，傍晚光弱时闭合，半支莲大多品种只能在强光下盛开。这些均属于特殊的光周期反应。

光周期反应有时也受温度的影响，如一品红在夜温17～18℃时表现为短日照，一旦温度降到12℃时，则又表现为长日照。圆叶牵牛也在高温下表现为短日照，而在低温下表现为绝对长日照。

（二）温度

温度是影响成花的主要环境因素之一，不同的植物，花芽分化与发育所需要的温度也不同，有的需高温，有的需低温。温度的作用主要有如下几个方面：打破休眠，提高休眠胚或生长点的活性，打破营养芽的自发休眠，使之萌发生长；春化作用，在花卉生活期的某一阶段，在一定的低温条件下，经过一定的时间，即可完成春化阶段，使花芽分化得以进行；花芽分化，要求一定的温度范围，只有在此温度范围内，花芽分化才能顺利进行，不同花卉的适宜温度不同；花芽发育，有些花卉在花芽分化完成后，花芽即进入休眠状态，要进行必要的温度处理才能打破休眠而开花，花芽分化和花芽发育需要不同的温度条件；影响花茎的伸长，有些花卉的花茎需要一定的低温处理，才能在较高的温度下伸长，如风信子、郁金香、君子兰、喇叭水仙等。也有一些花卉的春化作用需要低温，也是花茎伸长所必需的，如小苍兰、球根鸢尾、麝香百合等。

1. 高温 春夏季播种、夏秋季开花的一年生草本花卉，如百日草、凤仙花、鸡冠花、美女樱、向日葵、万寿菊、孔雀草等，播种后种子萌发，当营养生长完成后，在高温的夏季，气温达24℃时进行花芽分化，花芽形成后，在高温条件下发育、开花。

当年开花的木本花卉如石榴、紫薇、木槿、珍珠梅、月季、海州常山、广东象牙红，在夏季高温下花芽分化与发育较快，40～50d内即可完成花芽分化而开花。

秋季栽植、春季开花的郁金香、风信子、水仙及葡萄风信子等属于高温下进行花芽分化，但必须经过低温阶段而开花的花卉。一般均在夏季6～9月高温下休眠，花芽分化均在休眠期进行，但必须经过冬季低温阶段后至春季气温转暖时方可开花。郁金香如不经过较长时间的低温阶段，是不会开花的，常形成盲花。郁金香花芽分化要求20℃，花芽伸长最适温度为9℃。风信子花芽分化需25～26℃，花芽伸长需13℃。中国水仙自田间掘起，放在32℃高温条件下4d，可加速花芽的分化。

春季开花的木本花卉，如牡丹、榆叶梅、桃花、梅花、连翘、樱花、茶花、杜鹃花等也是在高温下进行花芽分化，经低温休眠后并在气温转暖时开花的花卉。这类花卉，在夏季高温25℃以上时进行花芽分化，至秋季气温逐渐下降时，花芽分化基本完成；在冬季低温休眠期，休眠芽接受自然界0℃以下低温的影响后，于翌年春季气温转暖时进行花芽发育而开花。牡丹、桃花等落叶灌木要求的低温在0℃左右，而常绿的茶花宜经过5～8℃的低温，芽才能很好的发育，茶花花芽分化后，如果长时间维持高温，则花芽极易脱落。

2. 低温 低温可以诱导花芽分化。有些花卉在生长发育过程中必须经过春化阶段，才能诱导花芽分化。许多越冬的二年生草本花卉及宿根花卉，如雏菊、金盏花、金鱼草、桂竹香、紫罗兰、石竹、矢车菊、花葵、毛蕊花、月见草、虞美人、花菱草、东方罂粟、蜀葵、毛地黄等均属此类。秋播后萌发的种子或幼苗通过冬季低温阶段即可进行花芽分化。一般要求低温0～5℃，经过10～45d即可通过春化阶段，气温逐渐升高时，花芽即可发育开花。

这类花卉如需春季播种、夏秋季开花，必须经过人工春化处理，将萌发的种子给予低温处理后再播种，也可使其当年开花，但由于生长期短于秋播，植株相对比较矮小。有些花卉，如雏菊、金盏花等如果不经过人工春化处理，虽也能开花，但花朵稀疏，色彩淡，观赏价值不高。多年生鸢尾、芍药也需要冬季的低温才能形成较好的花朵。

秋季气温下降至相对低的条件下花芽才分化的木本花卉有麻叶绣球、太平花、绣线菊等，夜温在15℃以下时花芽分化。山茶花当日温达26℃以上、夜温15℃左右时花芽才能分化。

低温除了对花芽分化起到一定作用外，对某些秋季开花植物的花芽发育也起到一定作用，如桂花、菊花等。影响其发育的主要因素是夜温。桂花在25℃以上高温下进行花芽分化，当秋季夜温降至18℃以下时，仅需3~5d，即可促使开花。

很多花卉的花芽分化与开花和夜温有密切关系，除了二年生草本花卉的幼苗必须在夜温降至0~10℃，受低温刺激后才能开花外，瓜叶菊在夜温达12~15℃时才能正常开花，温度过高时，则开花不整齐且花朵稀疏。

（三）水分

夏季的短期干旱，对高温下进行花芽分化的木本植物的花芽形成常起到有效的促进作用。在暂时缺水的条件下，能促使植株顶芽提前停止营养生长，转入夏季休眠或半休眠状态，从而分化出大量花芽。梅花、榆叶梅等花卉的栽培中已注意到夏季适当控制水分对开花的重要性，并在营养生长后期，连续3~5d处于比较干旱的条件下，可取得较高质量的花芽。

四、花期控制中的植株选择

（一）植株的成熟度

花卉要促成栽培，需要促使植株提早成熟，植株的成熟程度对促成栽培的效果有很大影响。成熟度不高的植株，促成栽培的效果不佳，开花质量下降，甚至不能开花。因此挑选时，应首先考虑通过幼年期而进入成熟期的植株。

（二）种类与品种

根据用花时间，要选择适宜的花卉种类与品种。一方面选择的花卉应充分满足市场的需要，另一方面选择在用花时间比较容易开花的、且不需过多复杂处理的花卉种类，以节约时间、降低成本。花卉种类与品种的不同，对环境因子的适应性也不同。长日照、短日照花卉对光周期非常敏感，有利于调控花期。如秋菊中的早开品种麦浪、粉面条等只要给予较短的遮光处理便极易开花，晚开品种的晚黄、古铜蟹爪等只要给予较短的人工补光，加长日照时数，也极易推迟花期。对温度较敏感的灌木花卉，如迎春花、梅花、桃花、海棠类、牡丹等，经过一定的低温休眠，给予高温稍加刺激，即可打破休眠而开花；而桂花花芽一旦形成后，给予适当低的夜温，极易促进花芽发育而开花，反之如给予适当高的夜温，极易推迟花期。因此，在花期控制操作过程中，应当选择对光周期及温度变化敏感的花卉，有利于取得控制花期的成功。

（三）营养状况

宜选择生长苗壮、营养中度、节间较短、花芽分化较多而无病虫害的植株。营养生长过于旺盛，则花芽分化较少，节间过长，甚至徒长；营养生长过弱、枝条纤细，也形不成花芽。

要选择生长健壮、能够开花的植株或球根。依据商品质量的要求，植株和球根必须达到一定的大小，经过处理后花的质量才有保证。如对未经充分生长的植株进行处理，花的质量降低，则不能满足花卉应用的需求。一些多年生花卉需要达到一定的年龄后才能开花，处理时要选择达到开花龄的植株。如郁金香的球茎要达到12g以上、风信子鳞茎的直径要达到8cm以上才能开花。

五、花期控制的技术要点

花期控制的主要原理是通过调节花卉的营养生长、花芽分化、花芽发育以及开花环境等，达到调控花期的目的。在自然条件下，每个花卉品种都有较固定的花期。为适应市场需要，达到反季节周年观赏的目的，可采取人为调控花期的措施，促使花卉提早或延迟开花。除选择不同花期或一年多次开花的品种，分批播种，进行光、温、水肥调控外，还可利用植物生长调节剂。

(一) 调节温度

有些观赏植物对光照长短反应不敏感，可通过增温或降温来改变花期。温度对打破休眠、春化作用、花芽分化、花芽发育、花茎伸长均有决定性作用。因此，采取相应的温度处理，即可提前打破休眠，形成花芽，并加速花芽发育，提早开花。反之可延迟开花。所以应根据不同情况，采取相应措施，主要包括提高温度和降低温度两种措施。

1. 提高温度　冬季温度低，植物生长缓慢不开花，这时如果提高温度可加速植株生长，提前开花。这种方法适用范围广，包括露地经过春化阶段的草本、宿根花卉，如石竹、桂竹香、三色堇、瓜叶菊、旱金莲、大岩桐、雏菊等；春季开花的低温花卉，如天竺葵；原在夏季开花的南方喜温花卉，如茉莉、白兰花、凌霄花、黄蝉、非洲菊、大丽花、美人蕉、象牙红、文殊兰等；经过低温休眠的露地花卉，如牡丹、杜鹃、迎春花、石竹、桃花等。加温日期以植物生长发育至开花所需要的天数来推断。温度必须逐渐升高，切忌剧烈升温。一般用15℃的夜温，25～28℃的日温，进行加温的同时，每天在枝干上喷水。

2. 降低温度　降低温度，延长休眠期，则可把开花的时间推迟。对于各种耐寒性花卉、阴性宿根花卉、球根花卉以及木本花卉而言，可以在春季回暖之前对尚未解除休眠的花卉给予1～4℃的低温处理，则可延迟花期。注意水要少浇。在冷室中存放时间长短，要根据预定的开花时间和花卉习性来决定，一般需提前30d以上移到室外。出室后注意避风、遮阳，逐渐增加光照。这种方法管理方便，开花质量好，延迟花期时间长，适用范围广。如杜鹃、紫藤可延迟花期7个月以上，而质量不低于原花期开的花。

冬性花卉在生长发育中需要经过一个春化阶段才能抽薹开花，如羽衣甘蓝、桔梗、黑心菊、牛眼菊、荷兰菊等；球根花卉则需要经过一个6～9℃的低温阶段才能使花茎伸长，如风信子、水仙、欧洲水仙、朱顶红等；而桃花则必须经过0℃的人为低温，迫使其通过休眠阶段后，才能开花；很多原产于寒温带（夏季凉爽）的花卉，在夏季高温炎热的地区往往生长不良，不能开花，如仙客来、天竺葵等。以上花卉在栽培中常用降温法来促进开花。

防暑降温也可使不耐高温的花卉在夏季开花。大部分花卉盛夏进入缓慢生长发育阶段，处于休眠、半休眠状态，因此多不开花，可通过改变气温，使其开花不断。如仙客来、吊钟海棠、玛格丽特、天竺葵等，在炎热夏季进入休眠或出现生长不良，如果温度降低到26℃

以下，则会出现"春去花犹在"的美景。

此外，为延长花卉的观赏期，在花蕾形成、绽蕾或初开时，给予较低温度，可获得延迟开花和延长开花期的效果。采用的温度，根据植物种类和季节不同，一般为5℃、10℃和12℃。如杜鹃花、含笑、茶花等花卉，出现花蕾时将其置于温度较低的阴凉处，可使花期推迟到劳动节开放。对一些含苞待放或开始进入初花期的花卉，可采用较低的温度、微弱的光照、减少水分措施等来延迟开花，常在菊花、月季、水仙、八仙花、天竺葵等花卉上应用。

温度处理要注意以下问题：同种花卉不同品种的感温性存在着差异，处理温度的高低，多因该品种的原产地或品种育成地的气候条件而不同，温度处理一般以20℃以上为高温，15~20℃为中温，10℃以下为低温；处理温度也因栽培地的气候条件、采收时期、距上市时间的长短、球根的大小等而不同。温度处理的适期（生长期处理或休眠期处理）因花卉的种类和品种特性而不同；温度处理的效果，因花卉种类和处理天数而异。多种花卉的花期控制需要同时进行温度和光照的综合处理，或在处理过程中先后采用多种处理措施，才能达到预期的效果；处理中或处理后栽培管理对花期控制的效果也有极大影响。

（二）光照处理法

光照对花期诱导有着极显著的影响。对于长日照花卉和短日照花卉，可人为控制日照时数，以提早开花，或延迟其花芽分化和发育，调节花期，主要包括调节光照时间、控制光照度、昼夜颠倒处理以及人工光照处理中断黑夜等。

1. 调节光照时间　长日照花卉在短日照季节，用人工光源补充光照可提早开花，如长期给予短日照处理则抑制开花；短日照花卉，在长日照季节，进行遮光处理，能促进开花；相反，长期给予长日照处理则抑制开花。春季开花的花卉多为长日照花卉，秋季开花的花卉多为短日照花卉。

（1）短日照处理。短日照处理适于菊花、叶子花、一品红、蟹爪兰等在短日照条件下进行花芽分化的典型短日照花卉，每天光照时间应控制在10h以下。通常采用遮光处理来缩短日照时间，以使短日照花卉能在长日照季节正常开花。一般在白昼的两头进行遮光处理，遮光材料要求密闭不透光，以防止低度散射光产生破坏作用或使遮光效果减弱。当然，在夏季炎热气候下使用该方法时，一定要注意通风和降温。一品红于夏季进行遮光处理，9月中旬以后日照时数以9~10h为宜，其临界日照时数为11~12.5h，日照时数11h则苞片上稍见绿点。单瓣一品红40余天可开花，重瓣一品红处理时间稍长，处理时温度应在15℃以上，要求阳光充足、通风良好；若低于15℃，则生长发育不良，苞片叶发育不良，品质下降。为使一品红于国庆节开花，可于7月底每天给予9~10h的光照，一个月后形成花蕾，9月下旬逐渐开放。蟹爪兰用9h短日照处理，2个月就能正常开花。菊花一般在10月下旬开花，若7月中旬开始现蕾后，每天8~10h光照，其余时间采用遮光措施，即进行短日照处理，可使之在国庆节前后开花。短日照处理的花卉，营养生长必须充分，枝条长短接近开花时需要的长度。施肥方面，需停止施氮肥，增加磷、钾肥的供应。

（2）长日照处理。长日照处理对唐菖蒲、晚香玉、瓜叶菊等一些必须在长日照条件下花芽才能分化的植物在冬季开花是很必要的。在短日照季节为了使长日照植物正常开花，需要在日落后，将白炽灯、荧光灯、日光灯或弧光灯等悬挂在植物上方20cm处，照射花卉茎叶3h以上，每天保持15h左右的光照条件。如唐菖蒲在冬季栽培时，若补充光照以延长光照时数到16h以上，并结合加温则可在冬季及早春开花。

2. 控制光照度　花卉开花前，一般需要较多的光照，如月季、香石竹、茉莉等，但为延长花期和保持较好的质量，花开之后，一般要遮阳减弱光照度，以延长开花时间，达到延长花期的目的。

3. 昼夜颠倒处理　昼夜颠倒处理可以有效地改变某些植物夜间开花的习性。有些花卉的自然开花习性是夜间开放或傍晚开花，如昙花、紫茉莉等。但是人们习惯于白天观赏花卉美景，因此在花卉栽培中，常采用适当的光照处理措施来颠倒昼夜，使夜间开花的花卉能在白天开花。如当昙花花蕾长到8cm时，在白天完全遮光，夜间7时到翌晨6时用100W强光照射，经4~5d的颠倒昼夜处理，即可改变其夜间开花习性，实现白天开花，而且经过处理后还能延长开花时间2~3d。夜来香也可用此法，使之变为"日来香"。

4. 人工光照处理中断黑夜　以调控短日照花花期的做法也是花卉栽培中常用的。短日照花卉在短日照条件下进行花芽分化而形成花蕾并开花，但若在午夜1~2时增加光照2h，将一个长夜分割成两个短夜，从而打破其自然分化、生长发育等习性而使花芽停止分化，同样能起到延长光照的长日照处理效果。相反，如果对短日照花卉进行长日照处理，可阻止其花芽的形成，达到推迟花期的目的。但一旦停止光照处理，它们又会恢复，即可以自然地分化花芽、开花。至于何时开始处理、处理时间的长短等，应根据当地所处的气温条件，所要处理的花卉自身的生长特点、开花习性以及目标开花时间等来决定。停光日期主要取决于该植物当时所处的气温条件和季节，以及从分化花芽到开花所需要的天数。用作中断黑夜的光照，以具红光的白炽光为好。菊花切花栽培就是利用这个方法来推迟花期，使其在元旦或春节开花，以供应市场。

选择育种法
（以矮牵牛为例）

【思考题】
1. 常见花卉有哪些类型？当地休闲农业园区中主要栽培的花卉是什么？
2. 哪些环境因子会影响植物开花的时间？
3. 如何调控植物花期？花海植物如何调控花期？

第六章 观赏树木配植技术

> **教学目标**
> 1. 掌握休闲农业园区观赏树木的分类方法。
> 2. 掌握休闲农业园区乔木、灌木和攀缘植物的主要配植形式。

观赏树木泛指一切可供观赏的木本植物，包括各种乔木、灌木、木质藤本以及竹类。观赏树木原是山野生长之林木，长期以来被人类选育、引种驯化和利用后，逐步形成供人们观赏的树木。由于人们的长期培育，产生了大量的形质优美的品种，从而大大丰富了园区绿化的内容。

第一节 观赏树木分类

进行观赏树木的分类，主要是便于识别和应用。分类的方法很多，除了按植物进化系统将观赏树木进行分类之外，还可按其他标准来分类。如按树木特性分类，按树木观赏特性、园区用途和应用方式进行分类，综合分类等。

一、按树木的特性分类

观赏树木按树木的特性大致可以分为以下几类。

1. 针叶树类

（1）常绿针叶树。如雪松、桧柏、柳杉、罗汉松等。

（2）落叶针叶树。如金钱松、水杉、落羽杉、池杉、落叶松等。

2. 阔叶乔木类

（1）常绿阔叶乔木。如香樟、广玉兰、楠木、苦槠等。

（2）落叶阔叶乔木。如枫杨、悬铃木、杨树、泡桐、槐树、银杏、毛白杨等。

乔木在园区中起骨架作用，常用作主景，可创造出郁郁葱葱的树林，形态各异的孤植树,都能搭配出生动优美的风景画面。乔木可以借助蟠扎、修剪等艺术整形,创造出各种造型,如龙、狮、鸟等千奇百怪整形树、植物建筑模型、盆景等。

3. 阔叶灌木类 灌木类无明显主干,或主干极矮,树体具许多长势相仿的侧枝。

(1) 常绿阔叶灌木。如栀子、海桐、黄杨、雀舌黄杨等。

(2) 落叶阔叶灌木。如紫荆、蜡梅、绣线菊、贴梗海棠、麦李等。

灌木的外形和姿态也有独特变化。在造景方面,可以增加树木在层次上的变化,为乔木做搭配,也可以突出表现灌木在花、果、叶等方面的观赏效果。灌木还可以达到组织或分隔较小的空间,阻挡较低的视线。特别是耐阴的灌木,与乔木搭配起来,可成为主体绿化的重要组成部分。常利用灌木的组合配植,做成各种绿篱、彩带等。

4. 藤本类 茎细长,不能直立,需依附其他物体延伸。

(1) 常绿藤本。如常春藤、络石、扶芳藤等。

(2) 落叶藤本。如地锦、葡萄、凌霄、紫藤等。

5. 匍匐类 性状似藤本,但不能攀缘,只能伏地而生,或者先卧地后斜升,如铺地柏、鹿角桧、迎春等。

6. 竹类 性状和生长习性均与树木不同,种类极多,作用特殊。如凤尾竹、孝顺竹、紫竹、桂竹、佛肚竹、毛竹、刚竹等。

二、按树木的实用价值分类

(一) 行道树

行道树是指列植于道路系统两侧树木的总称。包括公路、铁路、城市街道、园区道路等道路绿化的树木。行道树的栽植,不论在城市或农村都具有十分重要的意义。道路系统的绿化,不仅能充分利用土地,发展生产,改善道路本身及其附近的环境条件,而且是城乡休闲农业园区的重要组成部分。

(二) 绿荫树

城市街道、公园、风景区夏秋季的游人比寒冬季多,所以在游览区及行人众多的地方,当暑气蒸人、烈日当空时刻,有绿树成荫,供游人庇荫纳凉,是十分重要的。绿荫树就是利用树木高大的树冠、茂密的枝叶,在庭园、公园、广场、林荫道栽植,绿荫如盖,以供人们休息,避免炎日灼晒。

(三) 隐蔽树

利用茂密的树冠枝叶,以遮掩或转移园区中某些建筑物或简陋视点,增加园区整体艺术效果的树木,称为隐蔽树。在园区中以下情况往往需要掩蔽,如建筑物的简陋部分、公共厕所、色泽不调和的墙壁、各种死角及崩塌的坡壁等无观赏意义的建筑或设施及不雅观的地方。

(四) 绿篱树

绿篱在休闲农业园区中应用日见广泛,其作用主要是间隔防护范围和装饰园景等。选择绿篱树要求:耐修剪整形,萌发性强,分枝丛生,枝叶茂密;能耐阴、耐寒,对尘土、烟煤的污染及外界机械损伤抗性强;四季常青,能耐密植,生长力强。

(五) 孤植树

在园区中为了庇荫或艺术构图的需要,常有两种孤植树的配植:一是庇荫用的孤植树,二是艺术构图的需要，以孤植树作为局部主景或焦点。孤植树应具备：生长快，适应力强，适宜孤植；体形雄伟，姿态优美，枝干富有线条美；开花繁茂，结果丰硕，或色彩艳丽，气味芳香；季相变化多，且与四周环境有强烈对比等。

第二节　乔木的主要配植形式

在植物配植时，乔木因其形态高大、枝繁叶茂的特色而一般作为基础性骨干材料，容易形成突出的景观效果。所以在植物景观设计中，乔木是整体效果的决定性因素。乔木树种的种植类型也反映了一个城市或地区植物景观的整体形象和风貌。乔木在休闲农业园区中的应用方式有以下几种。

一、孤植

孤植指在空旷场地单独种植一株植物，或几株同树种紧密种植在一起，以表现个体美的种植形式。大多数情况下均为单株种植，并且植物要具备很强的观赏性，如奇特的姿态、丰富的线条、浓艳的花朵、硕大的果实等。

在设计中孤植树多处于构图中心或视觉中心而成为主景，因而要求栽植地点位置较高，四周空旷，使游人有较适宜的观赏视距，并尽量避免被其他景物遮挡视线，如可以设计在宽阔开朗的草坪上，或水边等开阔地带的自然重心上。秋季金黄的鹅掌楸、无患子、银杏等，若孤植于大草坪上，金黄色的树冠在蓝天和绿草的映衬下显得极为壮观。孤植树能够引导游人视线，并可烘托建筑、假山或水景，具有强烈的标志性、导向性和装饰作用。

孤植树作为园区构图的一部分，并不能完全孤立存在，它必须同周围的各种景物如建筑、草坪或其他树木等配合，相互衬托，以形成一个统一的整体。所以在体量、形态、色彩上要与周围景物相协调，共同统一于整体构图之中。

在宽阔的草坪中、坡地上、水岸边、大型广场等处栽种孤植树，所选树木体量要较大才能使孤植树在姿态、体形、色彩上突出。相反，在面积较小的草坪或院落中种植孤植树，其体形必须小巧，可以应用体形与线条优美、色彩艳丽的树种。同时，还必须考虑孤植树与环境间的对比及烘托关系。如曲廊、幽径、墙垣的转角处，池畔、桥头、大片草坪上，花坛中心、道路交叉点、道路转折点、缓坡、平阔的湖池岸边等处，均适合配植孤植树。孤植树配植于山岗上或山脚下，既有良好的观赏效果，又能起到改造植物造景地形、丰富天际线的作用。以树群、建筑或山体为背景配植孤植树时，要注意所选孤植树在色彩上与背景应有反差，在树形上也能协调。从遮阴的角度来选择孤植树时，应选择分枝点高、树冠开展、枝叶茂盛、叶大荫浓、病虫害少、无飞毛飞絮、不污染环境的树种，以圆球形、伞形树冠为好，如银杏、榕树、樟树、核桃等。

常用作孤植树的树种主要有：雪松、白皮松、油松、圆柏、黄山松、侧柏、冷杉、云杉、银杏、南洋杉、悬铃木、七叶树、臭椿、枫香、国槐、栾树、柠檬桉、金钱松、凤凰木、樟树、广玉兰、玉兰、木瓜、榕树、海棠、樱花、梅花、山楂、白兰、木棉、鸡爪槭、三角枫、五角枫、垂柳等。

二、对植

对植是将树木按一定的轴线关系对称或均衡配植的一种种植形式，相对而植的树木在体量、色彩、形态上要具有一致性，只有这样，才能呈现出庄严、肃穆的整齐美。

对植分对称式和不对称式两种，对称式对植就是利用相同大小的同种植物，在主体景物的中轴线两侧，按照两树定植点的连线与轴线垂直并被轴线等分的标准来种植。对称式对植一般采用树冠整齐的树种，多用在规则式的休闲农业园区中，如宫殿、寺庙和纪念性建筑前，呈现一种肃穆气氛，显得端庄、大方。不对称式对植就是相对而植的两种树木体量不一，两树定植点与中轴线的距离不等，但两树定植点的连线与轴线垂直，使左右均衡富有变化，又相互呼应。不对称式对植一般采用树冠不相同的树种，运用在自然式休闲农业园区中。

对植经常运用在道路入口两侧、建筑入口两侧、桥头两侧等相对的位置上，可以形成夹景的造景手法而增强透视的纵深感，烘托主体景物。如，在道路入口两侧种植体量相当且具有较强观赏性的植物，可以起到引导游人游览的作用，但要避免过于呆板的对植。对植也常用在有纪念意义的建筑物或景点两侧，这时选用的对植树种在姿态、体量、色彩上要与景点的思想主题相吻合，既要发挥衬托作用，又不能喧宾夺主。

适宜作对植的树种很多，常见的有：苏铁、松柏类、云杉、冷杉、雪松、银杏、龙爪槐、大王椰子、棕榈、白兰、玉兰、桂花等及整形的大叶黄杨、石楠、水蜡、海桐、六月雪等。

三、列植

列植是指乔木按一定的株行距成排成行地种植，有单列、双列、多列等多种形式。以列植方式配植的植物景观看上去整齐、宏伟，列植树木形成片林，可作背景或起到分割空间的作用，通往景点的道路可用列植的方式引导游人视线。主要用于公路、铁路、城市街道、广场、大型建筑周围、防护林带、农田林网、水边等场所，其中应用最多的是道路两旁，通常作单列或双列种植。一般情况下，只选用某一种树木，且所有列植的树木在整体形态和体量大小上要相近，不宜选用枝叶稀疏、树冠不整形的树种。同时应注意节奏与韵律的变化，如西湖苏堤中央大道两侧以无患子、重阳木和三角枫等分段配植，效果很好。在形成片林时，列植常采用变体的三角形种植，如等边三角形、等腰三角形等。在列植时，要充分考虑好株行距，这取决于树种的特点、苗木规格和园区用途等因素，一般大乔木株行距为5~8m，中小乔木为3~5m，大灌木为2~3m，小灌木为1~2m，完全种植乔木，或将乔木与灌木交替种植皆可。

列植的基本形式有两种：一是等行等距，即从平面上看是呈正方形或品字形的种植点，多用于规则式休闲农业园区中。二是等行不等距，即行距相等，行内的株距有疏密变化，从平面上看呈不等边三角形或不等边四边形，可用于规则式或自然式园区局部，如路边、广场边缘、水边、建筑物边缘等，也常应用于从规则式栽植到自然式栽植的过渡带。

常用树种中，大乔木有油松、圆柏、银杏、国槐、白蜡、元宝枫、毛白杨、柳杉、悬铃木、榕树、臭椿、垂柳、合欢等；小乔木和灌木有丁香、红瑞木、小叶黄杨、西府海棠、玫瑰、木槿等。绿篱可单行种植也可列植，株行距一般30~50cm，多选用圆柏、侧柏、大叶

休闲农业园区植物配植

黄杨、黄杨、水蜡、小檗、木槿、蔷薇、小叶女贞、黄刺玫等分枝性强、耐修剪的树种，以常绿树为主。

四、丛植

由 2~20 株同种或异种的树木按照一定的构图方式组合在一起，使其林冠线彼此紧密联系在一起而形成一个整体的外轮廓线，这种配植方式称为丛植。可用于桥、亭、台、榭的点缀和陪衬，也可专设于路旁、水边、庭院、草坪或广场一侧，丰富景观色彩和景观层次，活跃园区气氛。

丛植主要能体现出树木群体的形象，而这种群体形象美又是通过树木个体间的有机组合与搭配来体现的，因而彼此间是在统一的基础上呈现各自变化的形态。以观赏为目的的树丛，为了观赏效果一般会选用多种树木，并且会形成季相性的变化，将观花、观果、观叶的树种结合起来进行布置，并可于树丛下配植常绿地被。以遮阴为主要目的的树丛常选用乔木，并多用单一树种，如毛白杨、朴树、樟树、橄榄，植物造景树丛下也可适当配植耐阴观花类灌木。

在整体布局上，丛植树常作局部空间的主景，有时也作为配景或起障景、隔景、遮阴等作用。若作为主景，丛植树周围要有较开阔的观赏空间和通道视线，四周空旷无遮挡物，宜用针阔叶混植的树丛，并且尽量抬高配植基部。

在开阔的草坪中心或湖中心小岛上进行种植，可形成视线焦点，具有极好的观赏效果。我国古典园林尤其是私家园林中，树丛常与山石组合，设置于粉墙前、廊亭侧或房屋角隅，组成特定空间内的主景。除了作主景外，树丛还可以作假山、雕塑、建筑物或其他园林设施的配景，如用作小路分歧的标志或遮蔽小路的前景，形成不同的空间分割。同时，树丛还能作背景，如用樟树、女贞、油松或其他常绿树丛植作为背景，前面配植桃花等早春观花类树木或宿根花境，均有很好的景观效果。偶尔也可利用树丛进行障景，布置在入口处，形成"欲扬先抑"的空间效果。

在丛植中，有两株、三株、四株、五株甚至十几株的配植。

1. 两株丛植 树木配植构图上既要有调和，又要有对比。因此，两株树的组合，在大体形式上要统一，但是彼此之间又不能完全一样，要有各自的特殊性，才能使二者既有变化又有统一。凡是差别太大的两种树木，对比太强，不太协调，很难配植在一起。一般而言，两株丛植宜选用同种树种，但在大小、姿态、动势等方面要有所变化，才能生动活泼。

两株的树丛，其栽植的距离不能与两树直径的一半相等，其距离要比小树冠小得多，这样才能成为一个整体。如果栽植距离大于成年树的树冠，那就变成两棵孤植树了。不同种的树木，如果形态相似，也可配植在一起，如桂花和女贞，虽然是同科不同属的植物，但外观相似，又同为常绿阔叶乔木，配植在一起比较协调。不过，桂花相对女贞来说观赏性更强一些，因此在配植时应把桂花放在重要位置，女贞作为陪衬。同一树种下的变种和品种，一般差异很小，可以一起配植，如红梅与绿萼梅相配，就很调和。但是，即便是同一树种的不同变种，如果外观上差异太大，仍然不适合配植在一起，如龙爪柳与馒头柳同为旱柳变种，但由于外形相差太大，配植在一起就会不调和。

2. 三株丛植 三株树木组合，可以用同一树种也可以不同，但最好同为常绿树或同为落叶树，一般情况下不采用三种完全不同的树种。古云："三树一丛，第一株为主树，第二、第三为客树",也就是说应当以其中一棵作为主体,而其余两棵起衬托作用。还有一种说法为"三株一丛,则二株宜近,一株宜远以示别也","三株不宜结,亦不宜散,散则无情,结是病。"说明三株配植时,需要合理考虑它们之间的间距。

在平面构图上,尽量要把三株树置于不等边三角形的三个角上,立面以一高树为主,其余两树为辅,构成主从相宜的画面(图6-1)。三株植物忌种植在一条轴线上或是形成等边三角形,三株距离都不能相等,其中最大一株和最小一株要相对靠近些,使成为小组团,而中等的一株要远一些,使其成为另一小组,但两个小组在动势上要呼应,构图才不致被分割。

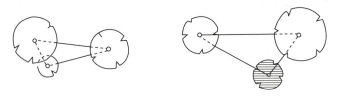

图 6-1 三株丛植常见平面布局形式

3. 四株丛植 四株树木组合,如果只选用一种树种,称为通相,但通常不会只用一种树木,一般选用两种左右并使彼此在形态、大小、距离、高低上有所变化,而且必须同为乔木或同为灌木才较调和。如果应用三种以上的树种,或大小悬殊的乔木、灌木,就不易调和,如果是外观极相似的树木,可以超过两种。

四株配合形成的树丛同三株配合一样也不能种植在同一条直线上,也不能两两组合,而应当分开种植,也不要任何三株成一直线,可分为两组或三组。分为两组,即三株较近一株远离;分为三组,即两株一组,一株稍远,另一株远离。

树种相同时,在树木大小排列上,最大的一株要在集体的一组中,远离的可用大小排列在第二三位的一株。树种不同时,其中三株为一种,一株为另一种;另一种的一株不能最大,也不能最小,这一株不能单独成一个小组,必须与其他树组成一个混交树丛,在这一组中,这一株应与另一株靠拢,并居于中间,不要靠边(图6-2)。

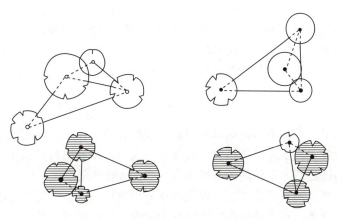

图 6-2 四株丛植常见平面布局形式

4. 五株丛植 如果是同为一个树种的组合方式,每株树的体形、姿态、动势、大小、栽植距离都应不同。比较好的种植方式是以3∶2的形式配植,形成三株一小组、两株一小组;如果五株树木的体量按照从大到小的顺序排列,分别为1、2、3、4、5,那么三株的小组应该是1、2、4成组,或1、3、4成组,或1、3、5成组。也就是说,作为主体的观赏树必须在三株小组中。三株小组的组合原则与三株丛配合原则相似,两株小组与两株树丛相同,但是这两小组间也必须相互呼应和衬托,形成相应的韵律。还有一种配植方式为2:2:1,其中单棵种植的树木,体量应当选择适中的一棵,其他两个小组距离不宜过远,整体形势上要有联系。

五株树丛也可由两个树种组成,一个树种三株、另一个树种两株,如果树种过多不宜协调。如三株桂花配二株槭树容易均衡,如果四株黑松配一株丁香,就很不协调。配植形式一般有两种:可分为一株和四株两个小组,也可分为两株和三株两个小组。当树丛分为3:2两个单元时,三株的一种不能在同一单元,两株的需种在同一单元(图6-3)。

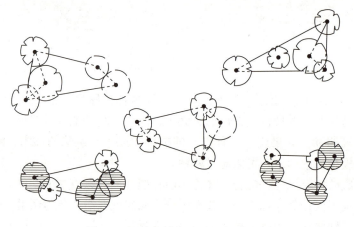

图6-3 五株丛植常见平面布局形式

5. 五株以上的丛植 五株以上的树丛一般都是由上述两株、三株、四株和五株几种丛植形式相互组合搭配而成,株数越多,形式也就越复杂,孤植树和两株配合是一个基本单元,三株由两株和一株组成,四株又由三株和一株组成,五株则由一株和四株或两株和三株组成。因此,如果可以很好地掌握五株丛植的法则,五株以上的丛植可同理类推。其关键仍在于调和中要求对比差异,差异太大时要求调和。所以,株数愈少,树种愈不能多用;株数增加时,树种可逐渐增多。但是,树丛的配合,在10~15株,外形相差太大的树种,最好不要超过5种,而外形十分类似的树木可以增加种类。

五、群植

群植是十几株至几十株不等的树木通过自然式组合栽植在一起的配植形式。群植讲究的是植物的群体组合美,而不是单株植物的观赏性,它是以小规模自然植物群落景象反映自然界的树林景象,是通过树木个体间的有机组合与搭配来体现的。

树群由于种植树木的数量比较多,因而占地面积也较大,一般用以组织空间层次,划分区域,也可以作为背景,观赏性较强时亦可作为主景。两组树群相邻时,可起到透景、框景的作用。树群不但有很好的视觉效果,还能够适当改善环境。

在设计树群时,不仅应注意树群的林冠线轮廓,使其呈现高低起伏的变化,而且要从季相变化上给予充分考虑,注意树木种类间的生态习性关系,以使能保持景观较长时期的相对稳定性。

树群的配植因树种的不同可以组成单纯树群或混交树群。混交树群是应用最广泛的一种形式，所用的树种较多，能够形成不同层次。混交树群的组成一般可分为4层，分别是乔木层、亚乔木层、灌木层以及草本地被层。最高层是乔木层，是林冠线的主体，要求有起伏变化的态势，一般是阳性树；下面是亚乔木层，应选中性树，这一层要求叶形、叶色有一定的观赏效果，与乔木层在颜色上形成对比；亚乔木层下面是灌木层，以阳性观花类灌木为主，布置在东、南向阳处，而在北侧应选中性或阴性灌木；最下层是草本地被层，一般选用耐阴性好的植被。

树群内栽植距离也要有变化，不宜成排、成行、成带等距离栽植。常绿、落叶、观叶、观花的树木，因面积不大，不宜用带状混交，也不可用片状混交，应该用复合混交、小块交与点状混交相结合的形式。树群内树种选择要注意各类树种的生态习性。在树群外缘的植物受环境影响大，在内部的植物相互间影响大。树群内的组合要很好地结合生态条件。喜光的阳性树不宜植于树群内，更不宜作下木；阴性树宜植于树群内。所以，作为第一层乔木，应该是阳性树；第二层亚乔木可以是半阴性的；而种植在乔木庇荫下及北面的灌木则应是半阴性或阴性的。喜暖的植物应该配植在树群的南方和东南方。

大多数园区树木均适合群植，如对秋色叶树种而言，枫香、元宝枫、黄连木、黄栌、槭树等树种群植均可形成优美的秋色，南京中山植物园的"红枫岗"，以黄檀、榔榆、三角枫为上层乔木，以鸡爪槭、红枫等为中层形成树群，林下配植洒金珊瑚、吉祥草、土麦冬、石蒜等灌木和地被，景色优美。

六、林植

林植也称林带，是将乔木成片、成块种植而形成林地或森林景观，多用于风景游览区，或休闲疗养区以及卫生防护林带等。林植可分为密林和疏林两种。

（一）密林

密林多用于大型风景区，郁闭度为0.7~1.0，阳光很难透过，地面、土壤湿度较大。其地被植物含水量高、组织柔软、脆弱，经不住踩踏，不便于游人活动。密林又分单纯密林和混交密林。

单纯密林由单一树种组成，没有丰富的季相变化。为了避免过于单调，可以采用不同生长阶段的树种造景，同时结合起伏的地形变化，使林冠线得以变化。林区外缘还可配植同一树种的树群、树丛和孤植树，以丰富景观层次。林下可配植一种或多种耐阴或半耐阴草本花卉，或是低矮开花繁茂的耐阴灌木，尽量选择多种花卉以形成丰富的视觉效果。为了提高林下景观的艺术效果，水平郁闭度不可太高，最好为0.7~0.8，这样有利于其正常生长。单纯密林多选用观赏价值高的乡土适生树种，如马尾松、油松、白皮松、黑松、水杉、枫香树、侧柏、元宝枫、毛白杨、黄栌等。

混交密林是一个具有多层结构的植物群落，大乔木、小乔木、大灌木、小灌木、高草、低草等，在种植时需要根据不同种类树木的特点进行有规律的设计，形成不同的层次。在林缘部分，其垂直成层构图要十分突出，但又不能全部塞满，以防影响到游人的欣赏。一般密林内部要有提供游人游览和休憩的区域，因此要布置一些游步道，但沿路两旁的垂直郁闭度不宜太大，适当留出一些空旷的草坪，或利用林间溪流水体，种植水生花卉，也可附设一些简单构筑物，以供游人作短暂休憩之用。

(二) 疏林

疏林一般会与大面积草坪相结合布置于大型园区内，以供游人休憩。疏林的郁闭度一般为0.4~0.6，而疏林草地的郁闭度可以更低，通常在0.3以下，常常只种植乔木而不栽种灌木和花卉，形成林间隙地。这种疏林草地在休闲农业园区中的应用比较多，无论是鸟语花香的春天，浓荫蔽日的夏天，或是晴空万里的秋天，游人都喜欢在林间草地上进行休息、游戏、看书、摄影、野餐、观景等一系列活动，即使在白雪皑皑的严冬，疏林草地仍然别具风味。

疏林中的树种应具有较高的观赏价值，树冠、树枝、树干、叶片、花朵、果实等都应成为观赏要素，常绿树与落叶树搭配要合适，一般以落叶树为主。常用的树种有白桦、水杉、银杏、枫香、金钱松、毛白杨等。疏林树木在种植时也要考虑平面构图的合理性，做到三五成群、疏密相间、有断有续、错落有致。树木间距一般为10~20m。林下草坪应该含水量少、耐践踏、不污染衣服，最好冬季不枯黄。疏林一般提供游人可以直接活动的草坪，因此不修建园路，但是作为观赏用的嵌花草地疏林，应该有路可通，不能让游人随意在草地上行走。

在休闲农业园区景观设计时，经常把疏林与广场相结合，多设置于游人频繁活动和休息的场所。树木选择同疏林草地，只是林下作硬地铺装，树木种植于树池中。树种选择时还要考虑是否具有较高的分枝点，以利人员活动，并能适应因铺地造成的不良通气条件。地面铺装材料可选择混凝土预制块料、花岗岩、拉草砖等，较少使用水泥混凝土整体铺筑。

第三节 灌木的主要配植形式

灌木在植物配植中也是必不可少的成分之一。一般来说，植物群落是将乔木、灌木、草本植物组合在一起的群体结构，相互组合、相互映衬，但在园区中除一些大规模的自然风景区和一些主干道路的隔离带以外，很少有大片的乔木林。通过点、线、面各种形式的组合栽植，灌木将休闲农业园区中一些相互隔离的绿地联系起来，形成一个较为完整的园区系统。灌木在植物造景中的主要应用方式有以下几种。

一、绿墙

高度在一般视线高度以上，能够完全阻挡人们视线通过的属于绿墙或树墙，用作绿墙的树种有珊瑚树、桧柏、枸橘、大叶女贞、石楠、法国冬青等。绿墙的株距可采用1~1.5m，行距1.5~2m。

二、高绿篱

高度一般为1.2~1.6m，人的视线可以通过但是身体不能跨越的，称为高绿篱。其作用主要是隔声、防尘或分隔空间。用作高绿篱的树种有构树、柞木、珊瑚树、小叶女贞、大叶女贞、桧柏、锦鸡儿、紫穗槐等。

三、中绿篱

游人需要费点力气才能跨越的绿篱，高度为0.5~1.2m，称为中绿篱，这是一般园区中最常用的绿篱类型。用作中绿篱的树种主要有洒金千头柏、龙柏、刺柏、矮紫杉、小叶黄杨、小叶女贞、海桐、火棘、枸骨、七里香、木槿、扶桑等。

四、矮绿篱

高度50cm以下能够使游人轻易跨越的称为矮绿篱。一般用作花坛、草坪、喷泉、雕塑周围的装饰、组字、构成图案，起到标识和宣传作用，也常作基础种植。矮绿篱株高为30~50cm，行距为40~60cm，矮绿篱的树种主要有千头柏、六月雪、假连翘、菲白竹、小檗、小叶女贞、金叶女贞、金森女贞等。

篱植的宽度和高度需要根据不同的场景具体确定。一般来说，如果需要利用绿篱完全分割空间即人的视线和身体都无法越过，那么需要种植的绿篱高度要超过1.5m。绿篱的作用主要体现在以下几点。

（1）分隔空间。休闲农业园区中常用绿篱进行分区，如用绿篱作防范的边界，可用刺绿篱、高绿篱或绿篱内加铁刺丝等。绿篱可以组织游人的游览路线，按照所指的范围参观游览，不希望游人通过的可用绿篱围起来。

（2）屏障视线。休闲农业园区中常用常绿绿墙屏障视线，屏蔽不利观瞻的空间。如把儿童游乐场、露天剧场、运动场与安静休息区分隔开来，减少互相干扰。在自然式绿地中的局部规则式空间，也可用绿墙隔离，使风格对比强烈的两种布局形式彼此分开。

（3）作为背景。休闲农业园区中常用常绿树作为花境、喷泉、雕像等的背景，其高度一般要高于主景，色彩以选用没有反光的暗绿色树种为宜，作为花境背景的绿篱，一般均为常绿的高绿篱及中绿篱。

（4）作图案造景。休闲农业园区中常用修剪成各种形式的绿篱作图案造景，如欧陆风格的模纹花坛、修剪整形的仿建筑形式的各种造景等。

第四节　攀缘植物的主要配植形式

一、攀缘植物

攀缘植物是指那些不能直立生长，只能依附其他植物或支撑物，缠绕或攀缘而向上生长的植物，也称藤本植物。藤本植物有木质藤本和草质藤本之分。木质藤本有紫藤、凌霄等；草质藤本有铁线莲、西番莲、牵牛花等。藤本植物因其攀缘生长的特性在花园里常作为美化墙面、棚架和屋顶的材料。藤本植物生长快、占地少、可充分利用空间。还可丰富园区构图的立面景观。

攀缘植物可以借助建筑物的高低层次，构成多层次、多变化的绿化景观。攀缘植物攀附建筑物墙面后，对于降低夏季强烈阳光下的墙体温度及室内温度非常有效。因此，能发挥防热、庇荫和降温的作用。藤本植物覆盖墙面后的室内温度可比没有覆盖的低3~4℃，湿度增加20%~30%。另外，藤本植物覆盖在建筑物表面后，可以有效地降低噪声和减少沙尘对建筑物的损坏。绿化建筑墙面最好选择具有吸盘或气生根的藤本植物，因为有些藤本植物在白粉墙、石板、砖面甚至瓷砖上都能吸附。它们靠吸盘和气生根直接吸附于墙面，无需支架，并且吸附得很牢固，也很平整美观；藤蔓生长强劲，能很快覆满墙面。这类植物中有些具变色叶，如五叶地锦，秋天可以观赏叶色的变化，具有很好的景观和生态效果。在园区造景中，藤本植物可以装饰建筑、棚架、亭廊、拱门、园墙，点缀山石，形成独立的景观或起到画龙点睛的作用；亭廊、棚架被攀缘植物覆盖后，不但可供观赏，同时可以遮挡夏日骄阳，供人们休憩、乘凉。

二、附壁式

吸附类攀缘植物可以通过吸盘或气生根固定在垂直面上而不需要任何支架，因此常见于一些建筑物的垂直立面上。用吸附类攀缘植物进行绿化，覆盖整座楼房则有绿色雕塑的效果，如清华大学图书馆和化学馆墙面上均被地锦覆盖。另外，建筑的南立面和西立面覆盖攀缘植物后，能够有效地改善温度条件，起到冬暖夏凉的作用。由于墙面绿化所需绿化用地面积小但却能形成大面积的绿化，因而对改善园区生态环境也起到非常重要的作用。

附壁式造景应注意植物与周边环境尤其是一些建筑物外立面材质的统一与协调。粗糙表面如砖墙、石头墙、水泥混沙抹面等可选择枝叶较粗大的种类，如地锦、薜荔、珍珠莲、常春卫矛、凌霄等，而表面光滑、细密的墙面如马赛克贴面则宜选用枝叶细小、吸附能力强的种类，如络石、紫花络石、小叶扶芳藤、常春藤等。

目前用于附壁式造景最广泛的种类是地锦，地锦枝叶茂密，生长迅速，可以迅速覆盖墙面，起到美化和改善环境的作用。凌霄、常春藤等也是常用的种类，均可攀缘到5～6层楼的高度。除墙面绿化外，还可以在墙顶做种植槽用以种植小型的蔓生植物，如云南黄馨、探春等，让细长的枝蔓垂下，与墙面向上生长的吸附类植物配合。在山地风景区新开公路两侧或高速公路两侧，常因施工或开山采石而形成许多岩仓残痕、裸岩石壁，极不自然，影响景观。由于自然条件恶劣，这些地段一般不适于种植乔灌木树种，但可以通过覆盖攀缘植物达到绿化、美化环境的目的。

墙面的附壁式造景除了采用吸附类攀缘植物外，还可用其他植物，但要对墙体进行简单的加工和改造，如将镀锌铁丝网固定在墙体上，或靠近墙体扎制花篱架，或仅仅在墙体上拉条绳索，即可供葡萄、猕猴桃、蔷薇等大多数攀缘植物缘墙而上。固定方法的解决，为墙面绿化的品种多样化创造了条件。

三、棚架式

附着于棚架进行植物造景是休闲农业园区中应用最广泛的藤本植物造景方法，其装饰性和实用性很强。棚架的形式有很多种，造型丰富，可根据空间具体的功能而定，既可作为园区小品独立成景，又具有遮阴功能，有时还具有分隔空间的作用。棚架可用于各种类型的绿地中，在各个场所中都可进行配植，如草地中、水池边、入口处等，比较适合设置在风景优美的地方以供游人休憩和观景，也可以与亭廊、水榭、景门、园桥相结合，组成外形优美的园区建筑群，甚至可用于屋顶花园。

按立面形式，可分为两面设柱的普通廊式棚架、两面设柱中间设墙的复式棚架、中间设柱的梁架式棚架、一面设柱一面设墙的半棚架，以及各种特殊造型的棚架，如花瓶状、伞亭状、蘑菇状等。

按位置则有沿墙棚架、爬山棚架、临水棚架和跨水棚架等。

按平面形式，棚架有直棚架、曲棚架、回廊式棚架以及"S"形、"L"形、弧形、半圆形等各种形式。因而棚架的类型多样，造型各异，既有独立式，又有组合式，棚架的顶部形状一般为圆拱形或平顶。

棚架的材料也有很多种类型，形式不拘，繁简不限，如木结构、绳索结构、混凝土结构、砖石结构、金属结构等。竹木和绳索结构棚架朴实、自然、价廉，易加工，但耐久性差；混凝土结构可根据设计要求塑造出各种形状，灵活多样，经久耐用，应用最普遍；砖石结构厚实耐用，但运输不便；金属结构轻巧易制，但炎热的夏季容易烫伤植物的嫩枝叶，还应经常油漆养护，防止脱漆被腐蚀。在我国古典园林中，棚架可以是木架、竹架和绳架，也可以与亭廊、水榭、景门、园桥相结合，组成外形优美的园林建筑群，甚至可用于屋顶花园。在选择具体的攀缘植物种类时也要根据棚架材料进行选择，做到色彩和材质上的统一。

四、绿廊式

在长形廊架上种植一些攀缘性植物或垂吊类植物的形式，常用植物如葡萄、美叶油麻藤、紫藤、金银花、铁线莲、叶子花、炮仗花等，可形成绿廊、果廊等景观效果；有时也在廊顶设置种植槽，使枝蔓向下垂挂形成绿帘。绿廊具有观赏和遮阴两种功能，还可在廊内形成私密空间，故应选择生长旺盛、分枝力强、枝叶稠密、遮阴效果好且姿态优美、花色艳丽的植物种类。在养护管理上，不要急于将藤蔓引至廊顶，注意避免造成侧面空虚，影响观赏效果。

五、篱垣式

篱垣式造景主要用于篱架、栏杆、铁丝网、栅栏、矮墙、花格等构筑物上的绿化，这类设施在园区空间中的主要作用是隔离和防护，有时也可单独使用构成景观。由于这类设施大多不是很高，因此对植物材料的攀缘能力要求不高，几乎所有的攀缘植物均可用于此类造景方式，但不同的篱垣类型各有适宜的材料。

竹篱、铁丝网、围栏、小型栏杆的绿化以叶片小、茎柔软的攀缘植物较为适宜，如千金藤、络石、牵牛花、月光花、茑萝等。在一些居住区绿地尤其是一些私家庭院内，还要充分考虑攀缘植物可能带来的经济价值、药用价值和食用价值，如金银花、丝瓜、苦瓜、扁豆、豌豆、菜豆等各种瓜豆类。在一些富有乡野趣味的园区中，利用竹竿等材料，做成各式篱架或围栏，配以红花菜豆、菜豆、香豌豆、刀豆、落葵、蝴蝶豆、相思子等，别有一番农村田园的情趣。当然，具体的绿化形式应当根据其在园区中的用途以及结构、色彩等确定。如果栅栏能够内外相望，使游人视线能够通透，种植攀缘植物时宜以疏透为宜，并选择枝叶细小、观赏价值高的种类，如络石、铁线莲等，切忌种植地过于密集。如果需要将游人视线完全隔开，起分隔空间或遮挡视线之用，则需要选择枝叶茂密的木本种类，包括花朵繁密、艳丽的种类，形成绿墙或花墙，如凌霄、蔷薇、常春藤等。

此外，在篱垣式造景中，还应当注意各种篱垣的结构是否适于攀缘植物攀附，或根据种植的种类采用合理的结构。一般来说，木本缠绕类可攀缘直径20cm以下的柱子，而卷须类和草本缠绕类大多需要直径3cm以下的格栅供其缠绕或卷附，蔓生类则需在生长过程中及时人工引领。

六、柱式

立柱形式主要有电线杆、灯柱、廊柱、高架公路立柱、立交桥立柱，及一些大树枯树的树干等。这些立柱可选择地锦、常春藤、三叶木通、南蛇藤、络石、金银花、凌霄、铁线莲、西番莲等观赏价值较高、适应性强、抗污染的藤本植物进行绿化和装饰，可以收到良好的景观效果。生产上要注意控制长势，适时修剪，避免影响供电、通讯等设施的使用。

【思考题】
1. 乔木的主要配植形式有哪些，并画出配植简图。
2. 灌木的主要配植形式有哪些，并画出配植简图。
3. 以某一休闲农业园区为例，指出其乔灌木配植的特色与不足。
4. 攀缘植物的特性有哪些？
5. 攀缘植物的配植和造景模式如何与蔬菜中葫芦科等植物的种植相结合？

第七章 观赏草配植技术
CHAPTER 7

教学目标

1. 了解观赏草的定义及价值。
2. 认识书中所列举的观赏草。
3. 能依据观赏草的特点在休闲农业园区中合理配植。

在人类文明进程中,草贡献了小麦、水稻、玉米、高粱、谷子等重要作物。若说草的种子构成了人类的粮食世界,那么,草的茎叶的贡献也毫不逊色,它们间接地为人类提供了丰富的肉、蛋、奶类食品。没有草的发现和培育应用,人类将难以为食。

时至今日,人类仍在不断发掘草的价值,将其应用于生物质能源、景观、生态等领域。观赏草就是一类新开发应用的休闲农业园区植物。

第一节 观赏草概述

草的观赏价值的应用始于草坪。现代意义上的草坪出现于17世纪中叶的英格兰,因为修剪维护需要耗费大量的人力,而成为当时富裕阶层的奢侈品。剪草机的发明以及种植、养护技术的进步大大降低了草坪的建植养护成本,使其在全球范围内广泛传播,得到普遍应用。

20世纪中期,观赏草如雨后春笋般蓬勃兴起,Kurt Bluemel在马里兰州的苗圃种植观赏草并设计应用在公园中;园林设计师Wolfgang Oehme和James van Sweden在华盛顿的公共绿地等应用观赏草设计了很多作品,开创了"新美国园林(New American Garden)"风格。苗圃的生产与设计师的应用推动了观赏草的迅速发展。

与草坪的规则整齐、高投入相反,观赏草是伴随"自然的特质"和"低维护的特性"产生的。观赏草种植成活后不需灌溉、施肥、打药,其柔美的叶片、变化的叶色、繁密的花序无时不展现着大自然的勃勃生机和丰富多彩,既有美景又有意境。

休闲农业园区植物配植

一、观赏草的定义

观赏草的名称译自英文"ornamental grasses",通常定义为具有观赏价值的单子叶草本植物的总称。以禾本科植物为主,也包括莎草科、灯心草科、香蒲科、百合科部分植物。

虽然草坪草也符合观赏草的定义并被广泛应用于园区中,但并不属于观赏草的范畴。其区别在于:①观赏草的价值在于个体美;草坪草的价值在于群体效果。②观赏草不需修剪,展现其自然形态;草坪草需修剪,展现整齐一致的外观。③观赏草种类多,不同品种之间差异大;草坪草特性集中,品种间差异小。

因此,为了与草坪草区分,可以将观赏草定义为具有个体观赏价值的单子叶草本植物的总称。

二、观赏草的价值

(一)景观

观赏草能够被园林、园艺工作者所推崇,主要是因为其丰富的株形、叶色、花序和质朴自然的气质能够为园区增加独特的美感和趣味。它们拥有独特的质地、和谐的色彩,呈现微妙的季相变化,不论单独使用还是与山石、水体、花卉相互配植都很适宜。观赏草不仅给花园增添了感官美,还有独特的韵律美和动感美。每当微风拂过,观赏草细长的叶片随风摇曳,潇洒飘逸,像浪花在园中翻滚,极富自然野趣。

观赏草还丰富了园林植物的种类,更好地满足了生物多样性对园区绿地这个特殊生态系统的要求。某些观赏草,如具有密集丛生条形叶的狼尾草属、拂子茅属和芒属植物,它们开花后在园区景观中具有较高的视觉位(1.5~3.0m),发挥了灌木的美学效果。

一些花叶类观赏草如银边草、'花叶'芒、'花叶'拂子茅,以及地被型苔草属植物,在适当的遮阳条件下表现良好,特别在其他植物难以生长的阴暗角落大有用武之地,这使观赏草在与其他植物的组合应用中更具优势。

(二)生态

观赏草能够迅速崛起于园林市场的另一个原因是其生态特性。随着干旱、污染等全球性环境问题的日益严重,人们意识到建设节约、环保、生态型园区是大势所趋。而观赏草生性强健,抗旱、耐寒、耐瘠薄土壤、很少发生病虫害;管理简便,只需在初冬或早春平茬一次,之后不需修剪就可长期保持美感,对建设节水、环保型园区具有积极的意义。

观赏草具有发达的须根和繁密的(茎)叶,能有效滞留雨水,将其保存在土壤中,减少地表径流;对土壤具有很少的锚固和改良作用,可在坡地种植,保持水土。草是恢复退化土地植被的先锋植物,因此将在生态治理中发挥很大作用。

(三)人文

草以顽强的生命力为人称道,坚硬的土地甚至山石都不能阻止其发芽、生长、繁殖,这份活生生的原始生命力是自然界和人类社会前进的动力。美国浪漫主义诗人惠特曼以《草叶集》来命名他的诗集,正如他所歌咏的"哪里有土,哪里有水,哪里就长着草"。石缝里的一点土和水就可以维持草的生命,换来一片勃勃生机,阐释出纯朴的人文情怀。

俞孔坚教授在他的新美学与新景观实践中,盛赞"野草之美",以低维护的草为植物主体,营造低碳景观,努力恢复生态系统的生产力、自我调节能力以及对环境的承载力,诠释大自然本质的美丽。

从人类的欣赏角度来说，看惯了绿树繁花的都市人渴望回归自然，希望在周围的生活环境中找到自然轻松的感觉，观赏草恰能满足人们的这一心理需求，它反映了人类生活与自然环境的和谐共存。

三、观赏草的分类

（一）按植物分类系统分类

如前所述，观赏草是具有个体观赏价值的单子叶植物的总称，分属于禾本科、莎草科、灯心草科、香蒲科和百合科。根据基于系统演化的植物分类系统，它们均属于植物界、被子植物门、单子叶植物纲。

禾本科植物是观赏草的主力军。虽然全世界有 600 余属、1 万余种禾本科植物，但被开发用作观赏草的仍是少数，芒属、狼尾草属、拂子茅属、针茅属、羊茅属、画眉草属和须芒草属植物贡献了较多观赏草种和品种。

为了保证观赏草的物名对应，方便流通与应用，避免认知和使用上的错乱，观赏草的命名以林奈提出的双名法为基础，遵从《国际植物命名法规》和《国际栽培植物命名法规》。为了简便，可省略定名人。有些观赏草由野生草种直接开发而来，如细茎针茅，学名为 *Stipa tenuissima*；有些观赏草为经过培育的品种，如'花叶'芒，学名为 *Miscanthus sinensis* '*Variegatus*'。

（二）按生物学特性分类

根据对温度适应能力的不同，可以将观赏草分为暖季型和冷季型。暖季型和冷季型观赏草分别具有不同的生物学特征，主要表现为不同的年度生长发育，从而影响到在休闲农业园区中的应用。

1. 暖季型观赏草 暖季型观赏草喜热量充足，春季土壤温度上升、气温稳定时开始生长，夏季高温条件下生长旺盛，寒冷的冬季像宿根花卉一样地上部枯死，以地下部根系延续生命。一般来说，在完全光照下生长良好，耐阴性弱，耐旱性强。

暖季型观赏草植株多高大，抽穗后株高 1m 以上，有些品种可达 3m。常见的暖季型观赏草有芦竹属、芒属、黍属、狼尾草属、大油芒属、柳枝稷属。

暖季型观赏草春季萌芽迟，夏秋季开花，往往以高大的植株和庞大繁密的花序引人注目。为了延长观赏时间，暖季型观赏草可与秋植球根花卉配植，如郁金香、洋水仙、风信子、小苍兰、球根鸢尾等，根据植物生长发育的季节差异，合理利用土壤和空间，丰富景观效果。

2. 冷季型观赏草 冷季型观赏草适宜冷凉气候，10℃根系即可生长，但超过 32℃生长缓慢。因此，春季萌芽早，秋季枯黄晚。春秋季生长旺盛，通常在炎热的夏季处于休眠或半休眠状态，遮阳与充足灌溉可减轻夏季休眠程度。

冷季型观赏草植株多低矮，一般 60cm 以下。叶片的主脉通常较宽，有些品种叶片卷缩，如蓝羊茅、细茎针茅。常见的冷季型观赏草有燕麦草属、凌风草属、发草属、羊茅属、箱根草属、异燕麦草属、针茅属、苔草属。

冷季型观赏草在 5 月前后开花，春、秋两季具有良好的景观效果。到了炎热的夏季，蓝羊茅几乎停止生长，银边草的地上部会枯死，凉爽的秋季到来时再发新叶。对于冷季型的玉带草，夏季应将茎叶回剪至地面，促使新的茎叶长出。

3. 其他 然而，并不是所有的观赏草都可以明确界定为冷季型或暖季型。如宽叶拂子茅兼有冷季型与暖季型观赏草的特点，3月下旬（北京地区）与冷季型观赏草同期萌芽，夏季生长旺盛、秋季开花，又表现出暖季型观赏草的生命周期特点。

（三）按生态习性分类

生态习性反映了植物对光照、水分、土壤等环境因子的适应能力，了解观赏草的生态习性是确定其应用范围与养护管理措施的理论基础。

观赏草具有很强的生态适应性，如小盼草几乎可以生长在任何土地上：从全遮阳到全光照，从土壤潮湿到干旱。虽然如此，仍然需要根据不同品种的生态习性对其进行种植与养护，一方面为了观赏草更好地生长，展现出最美的景观；另一方面为了节约管护成本，降低不必要的投入，建设节约、环保型园区。

观赏草对土壤要求不严，须芒草属、格兰马草属、凌风草、丽色画眉即使在贫瘠土壤中仍能生长良好。观赏草的生态习性主要从光照和水分2个生态因子展开。常见观赏草对光照和水分的适应性见表7-1。

表7-1 常见观赏草对光照和水分的适应性

观赏草	学名	光照适应性	水分适应性
菖蒲属	Acorus	全光照—部分遮阳	喜湿
须芒草属	Andropogon	全光照	干旱
芦竹属	Arundo	全光照	湿干
格兰马草属	Bouteloua	全光照	干旱
凌风草	Briza media	全光照	耐旱
拂子茅属	Calamagrostis	全光照—部分遮阳	干旱
薹草属	Carex	遮阳—全光照	湿润—干旱
小盼草属	Chasmanthium	遮阳—全光照	湿润—干旱
蒲苇	Cortaderia selloana	全光照	干旱
木贼属	Equisetum	全光照	湿润
画眉草属	Eragrostis	全光照	干旱
蓝羊茅	Festuca glauca	全光照	干旱
灯芯草属	Juncus	全光照—部分遮阳	湿润—浅水
芒属	Miscanthus	全光照	干旱
乱子草属	Muhlenbergia	全光照	干旱
黍属	Panicum	全光照	干旱，部分品种耐湿
狼尾草属	Pennisetum	全光照	干旱
虉草属	Phalaris	全光照—部分遮阳	喜湿
甘蔗属	Saccharum	全光照	干旱
藨草属	Scirpus	全光照—轻度遮阳	喜湿
大油芒属	Spodiopogon	全光照—轻度遮阳	微湿
针茅属	Stipa	全光照	干旱

1. 光照　依据对光的适应性,观赏草分为阳生、中生与阴生3类。

大部分观赏草,尤其高大类型,属于阳生植物,喜光而具有一定的耐阴性,如芒属、蒲苇属、狼尾草属、须芒草属、针茅属、野古草等。

中生观赏草多具有较广的光照适应范围。华北地区的乡土植物野青茅自然生长于低海拔山区的林下,而大油芒多生长于林缘,引种栽培后全光照下生长旺盛,更具有观赏价值。近年开发应用的地被型苔草属中涝屿苔草、青绿苔草、披针叶苔草、矮丛苔草,除了涝屿苔草全光照下易出现枯尖现象外,其余3种在适度遮阳下生长更好,全光照下也能正常生长。

阴生观赏草种类较少,多为低矮的地被类型,如山麦冬属、沿阶草属植物以及箱根草等。炎热的气候条件下,花叶类观赏草适宜种植在适度遮阳环境下,以保证叶片的观赏性。

2. 水分　依据对水分的适应性,观赏草分为旱生、湿生、水生3类。

旱生观赏草普遍具有较强的耐旱性,如狼尾草、芨芨草、野古草、芒、柳枝稷、须芒草、羊草等,表示永久萎蔫系数的土壤体积含水量普遍低于6%。这也是观赏草在干旱、半干旱地区备受欢迎的主要原因之一,其突出的耐旱力大大降低了灌溉养护成本。

湿生观赏草有灯心草属、荻、鹃草、玉带草、芦竹、花叶芦竹、芦苇、蒲苇、溪水苔草、鸭绿苔草,适宜于滨水或湿地(狭义概念)。

水生观赏草主要包括香蒲、水葱等园林水生植物。

观赏草普遍具有较强的水分适应范围。以耐旱性著称的狼尾草在水淹一周后仍能开花,水退后能存活下来。湿生观赏草中除溪水苔草和鸭绿苔草外,其余都具有较强的耐旱性,能应用在半干旱地区的粗放管理园区中。

(四) 其他

光照和水分以及其他环境因子对植物的生长具有协同作用。干旱的环境下适度遮阳有利于阳生植物生长,给予中生或阴生植物充足的水分供应,则在全光照下也能生长良好。

一些观赏草具有较强的耐盐性,不仅能轻松适应城市再生水灌溉与融雪剂应用造成的次生盐碱化土壤,而且可以应用在滨海或内陆的盐碱地绿化上,营造优美景观。如芨芨草、丽色画眉和狼尾草等。

按照观赏草的植株大小分类最能指导园区应用,可分为高大型、中型、地被型3类。

高大型观赏草株高多达2m以上,适于依建筑、山石而植,或用于屏障,或在空旷的大环境下营造壮阔景观,典型代表有芒、芦竹、芦苇、蒲苇、'王子'狼尾草等。

中型观赏草株高1～2m,集中于1.5m左右。此类观赏草品种众多,也是园区中最好应用的类群。适于或大或小的花园、公园、庭院、街头绿地,孤植、丛植、列植、片植皆宜;常被用作花坛的中心植物与花境的中后景植物;盆栽亦很适宜。此类植物包括狼尾草、羽绒狼尾草、绒毛狼尾草、须芒草、野古草、柳枝稷、'矮'蒲苇、宽叶拂子茅、'卡尔'拂子茅,以及'花叶'芒、'晨光'芒等芒的许多品种。

株高低于1m的可列入地被型观赏草,主要包括苔草属植物、针茅属植物、画眉草属植物、蓝羊茅、银边草、发草、藕草、玉带草。地被型观赏草适宜用作花坛、花境的镶边或前景植物;除了苔草属植物主要用于建植大面积的草坪地被,其他种类适宜小片种植;亦适宜盆栽观赏。

根据观赏草的主要观赏部位,分为观花型和观叶型两类。

根据景观营建中植物设计考虑的主要因素,综合株高、观赏部位、生态适应性等特点,

休闲农业园区植物配植

可将观赏草分为异色叶、草坪地被型、观花地被型、孤植型、滨水型5类。这种分类方法不太科学，然而却体现了每类观赏草的最主要特征，利于设计师迅速找到所需要的观赏草。

四、观赏草繁殖育苗

种苗是配植应用的基础，了解观赏草种苗繁育技术，不仅对种苗生产者是必需的，对设计师和绿地管理养护人员亦大有裨益。

（一）繁殖方式

观赏草常用的繁殖方式包括播种、分株、扦插、组织培养4种。

1. 播种 能够采取播种繁殖的观赏草一般来源于野生草种的引种驯化，实生后代不产生性状分离，能保持草种（品种）的稳定性和一致性，如须芒草、青绿苔草、宽叶拂子茅等。播种繁殖需要注意2个问题：①采种母株要选择优良种源的单株植株。不同种源的同一草种可能具有较大的性状差异。如野古草，北京延庆种源的植株叶色青绿，秋季变为嫣红；而海淀种源的植株叶色黄绿，秋季变为棕色。②避免采到杂交种子。异花授粉的观赏草，圃地有同属不同草种或同种不同品种（变种、变型）的观赏草植株时，可能会产生杂交种子，播种产生的后代会产生性状分离，不适宜生产或园区应用。

为了加快成苗速度，冬季可在温室播种育苗，翌年春季温度适宜时移栽露地。有些观赏草具有很强的季节节律，冬季休眠，幼苗生长不善，如大油芒，宜冬末春初播种。

2. 分株 分株是适用性最广的观赏草繁殖方式。暖季型观赏草宜于春季新芽萌动前后分株，如芒属、狼尾草属、柳枝稷属、须芒草属植物；大多数冷季型观赏草宜秋初分株，如苔草属、羊茅属植物。不能明确界定为冷季型或暖季型的宽叶拂子茅和知风草，以及被划入冷季型观赏草的'卡尔'拂子茅，适宜春季分株。

分株时应尽量保持株丛的完整性，拆散的分蘖合在一起栽植会降低分株成活率。分株时剪除老弱与过长根，保留5cm左右根系与护心土。不同观赏草适宜的分株大小不同，芒各品种适宜采取6~10个分蘖，狼尾草、宽叶拂子茅适宜采取10~15个分蘖，涝屿苔草适宜采取10个左右分蘖，而青绿苔草、披针叶苔草、矮丛苔草适宜采取15个左右分蘖。

3. 扦插 芦竹、'奇岗'芒、'悍'芒、'细叶'芒、'紫叶'狼尾草等茎秆发达、有明显腋芽的观赏草可采取扦插的繁殖方式。夏秋季，待腋芽饱满、积累了较多营养物质时取茎段扦插，10~15d可形成完整的植株，移栽上盆。

扦插应选择母株基部与中部的茎段，顶部茎段的生根率低且幼苗较弱。扦插前可蘸取或浸泡生长调节剂、生根粉等，促进生根。

4. 组织培养 植物组织培养技术在观赏草种苗繁育中应用较少。新品种数量少，又不适宜采取播种繁殖的，为加快种苗储备，早日占领市场，可采用此种繁殖方式。

（二）育苗技术

供应市场的观赏草种苗以容器苗为主，规格根据观赏草植株的大小而定。'细叶'芒、'斑叶'芒、'花叶'芒等品种植株高大、茎秆粗壮，多培育为15cm口径甚至更大的容器苗；狼尾草、须芒草、野古草等中型观赏草常培育为口径12~15cm的容器苗；作地被型观赏草应用的青绿苔草等多以8~10cm的容器苗出售。

培育容器苗，宜采用壤土与草炭的混合基质，或当地取材方便、便宜的其他基质，以能供应植物营养、水分，轻质易运输为标准。

除了容器苗，也可大田培育种苗，供应早春市场。应用时直接挖取地苗分栽即可，苔草属观赏草除外。因苔草早春抽穗，适宜夏秋季移栽。

种苗的上盆、换盆，以及灌溉等日常管理同宿根花卉，无特殊要求。

第二节 常见观赏草介绍

一、禾本科芨芨草属

（一）远东芨芨草（*Achnatherum extremiorientale*）

形态特征：多年生草本，暖季型，丛生。须根细韧，秆直立、光滑，疏丛，株高150～180cm。叶片绿色。早春萌芽，7月上旬开花，花期可持续到秋季；圆锥花序开展，长可达44cm，宽约17cm。颖果，长约4mm，纺锤形。

生态习性：分布于产东北、华北、西北及安徽。生于低矮山坡草地、山谷草丛、林缘、灌丛及路旁。半阴至全光照均可生长，耐旱、耐瘠薄。

繁殖栽培：播种或分株繁殖，宜春季进行。

用途：茎叶疏散，花序庞大，整体感觉飘洒秀逸，宜数株成片种植。如果与卵石、溪流相配，则可添意境。

参考种植密度：6～9株/m²。

（二）芨芨草（*Achnatherum splendens*）

形态特征：多年生草本，暖季型，丛生。具粗而坚韧外被套的须根。秆直立、坚硬，内具肉色的髓，形成大的密丛，株高1～2.5m。叶片纵卷，质坚韧，长30～100cm，宽5～6mm，正面脉纹凸起，微粗糙。圆锥花序，长30～75cm，宽可达20cm。花果期6～9月。

生态习性：分布于我国西北、东北、华北地区。生于微碱性的草滩及沙石山坡上，是我国西北干旱地区天然草地的优势植物。阳生，耐干旱、耐瘠薄、耐盐碱，可归入盐生植物一类。

繁殖栽培：播种或分株繁殖，宜春季进行。忌肥水大，否则花果期容易倒伏。

用途：狭长、繁密的叶片形成美丽、整齐的株形，园区中可用作背景植物，亦可孤植、丛植、列植，是盐碱、干旱、贫瘠土壤生态恢复的优良植物。

参考种植密度：6～9株/m²。

二、禾本科燕麦草属

银边草（*Arrhenatherum elatius* var. *tuberosum*）

形态特征：多年生草本，冷季型，丛生。须根粗壮。秆基部膨大呈念珠状，株高30cm，冠幅40cm。叶片具乳白色边缘，长20～30cm，宽5mm。圆锥花序，长约10cm。花期5～6月。

生态习性：原产于英国，我国引种栽培供观赏。适宜中性或弱酸性疏松土壤，稍耐盐碱，部分在阴蔽条件下长势好。喜冷凉气候，盛夏高温时休眠，地上部枯死。

繁殖栽培：分株繁殖，宜春秋季进行。育苗时应给予适当遮阳，供水充足。

用途：银边草在冷凉季生机勃勃，叶片干净清新，用作庭院、花园的地被或镶边植物，赏其叶片。

参考种植密度：16株/m²。

三、禾本科须芝草属

帚状须芒草（*Andropogon scoparius*）

形态特征：多年生草本，暖季型，丛生。株高1~1.5m，冠幅60~80cm。叶片长40~60cm，宽2~8mm，灰绿色至紫色。夏末开花，总状花序，长60cm，宽10cm，小穗可一直保持到初冬。

生态习性：须芒草属植物分布于热带至温带地区，自然分布于美国温带地区。喜光，耐贫瘠、耐干旱，肥水大容易倒伏。

繁殖栽培：播种或分株繁殖，宜春季进行。

用途：植株春夏季绿色，秋季变为紫红色，明亮有光泽。花序的白色柔毛伸出颖壳，逆光效果突出，景观独特。因植株较为纤秀，建议数株成片种植。

参考种植密度：4株/m²。

四、禾本科芦竹属

芦竹（*Arundo donax*）

形态特征：多年生高大草本，暖季型。具发达根状茎，散生，秆粗大直立，高3~6m，直径1~3.5cm，坚韧、光滑、中空，具多节，常生分枝。叶片扁、光滑，长30~70cm，宽2~6cm，抱茎。圆锥花序，极大型，初展时向阳的一面呈浅紫色，逐渐变为银色，长30~100cm，宽可达30cm。花果期8~11月。

生态习性：广布于我国南方地区。生于河岸道旁、沙质壤土。植株抗旱，也耐水湿，可以种植于浅水、河岸、沼泽、旱田或荒地。抗寒性较差，温暖地区可保持常绿，北京为生长的北界。

繁殖栽培：根状茎分株或地上茎扦插。根状茎繁殖宜春季进行；地上茎扦插宜秋季进行，选取腋芽饱满的茎段。温暖地区产生可育种子，亦可播种繁殖。

用途：植株挺拔，叶片青翠，干湿皆宜，宜片状或宽条带状种植于浅水区、水岸边或围墙下，用作屏障或背景材料。花序初展开时可以用作鲜切花，制作大型的花艺作品；当花序抽出约5/6时剪下，室温下自然干燥，则小花展开，露出银白色的柔毛，可以用作干花，小穗经年不落。芦竹的花序整体呈白色，洁净而雅致，插花时在颜色的调和与对比上有独到之处。

参考种植密度：10~20株/m²。

五、禾本科格兰马草属

格兰马草（*Bouteloua gracilis*）

形态特征：多年生草本，冷季型，丛生。纤细的叶片形成高20~30cm的株丛，花序高约50cm。穗状花序水平展开，如细小的刷子，长10cm，宽3cm，初绽时紫红色，逐渐变为枯黄色。花果期6~9月。

生态习性：自然分布于北美的干旱草原上，喜光，耐旱。

繁殖栽培：播种或分株繁殖。

用途：适于干旱地区花园、庭院种植，营建小尺度景观，花序可爱有趣；亦宜盆栽观赏。密植、修剪，建植基础地被，用于保持水土。

参考种植密度：9~16株/m²。

六、禾本科拂子茅属

（一）宽叶拂子茅（Calamagrostis brachytricha）

形态特征：多年生草本，暖季型，丛生。秆直立，株高 80～150cm。早春叶片绿色或淡青铜色，叶片开展，长 30～50cm，宽 8～12mm。圆锥花序，初花期淡粉色，而后变为淡紫色，花序长 15～30cm，花期 8～10 月。

生态习性：自然分布于东亚地区，多见于林地和林缘。土壤适应性广，在湿润、排水良好的土壤中生长旺盛。部分遮阳至全光照下生长良好。

繁殖栽培：播种或分株繁殖，宜春季进行。

用途：孤植、片植或盆栽种植，均有很好的效果，秋冬季效果尤其突出。花雍容华贵，直到冬季干枯都维持开放状态，可用作插花材料。

参考种植密度：9～12 株/m^2。

（二）'卡尔'拂子茅（Calamagrostis×acutiflora 'Karl Foerster'）

形态特征：多年生草本，冷季型，丛生。秆直立，竖向感强，株高 150cm，冠幅可达 1m 有余。叶片灰绿色。早春萌芽，春末开花，圆锥花序，长约 25cm，宽约 7cm，后期缩成线形。花序上的小穗宿存，可保持至冬季，观赏期长。

生态习性：分布广泛。喜湿润、肥沃、排水良好的土壤，但能耐黏重土壤。半阴至全光照下均能正常生长，表现出较好的景观效果。通风不良的环境中，湿热的夏季可能会有轻微锈病。

繁殖栽培：因属杂交品种，几乎不产生可育种子，分株繁殖，宜春季或秋季进行。

用途：株形整齐，可孤植欣赏，也可列植引导视线，或与其他观赏草和花卉配植花坛和花境。适宜盆栽欣赏，不需保护可室外越冬。花序可用作鲜切花或干花。

参考种植密度：6～9 株/m^2。

七、禾本科细柄草属

细柄草（Capillipedium parviflorum）

形态特征：多年生草本，丛生。秆直立或基部稍斜，高 30～100cm。叶片线形，长 15～30cm，宽 3～8mm。圆锥花序，长圆形，初时淡绿色，完全绽开后粉色，末期转为红褐色，长 10～30cm，繁密、蓬松。颖果。花果期 8～10 月。

生态习性：分布于华北、华东、华中至西南地区；生于山坡草地、河边、灌丛中。耐干旱、贫瘠土壤。

繁殖栽培：播种或分株繁殖。分株繁殖一般宜在春季进行。

用途：用于道旁、坡地等园区绿化环境以及生态恢复。

参考种植密度：9 株/m^2。

八、禾本科北美穗草属

小盼草 [Chasmanthium latifolium（Uniola latifolium）]

形态特征：多年生草本，暖季型，丛生。株高可达 1.2m，全光照下植株直立，遮阴环境下株形松散。叶片长可达 20cm，宽 2cm。穗状花序，形状奇特，悬垂于纤细的茎秆顶端，突出于叶丛之上，观赏价值高；仲夏抽穗，花序绿色，秋季变为棕红色，最后变为米色；花序宿存，经冬不落。

生态习性：生长于山坡林地、潮湿灌丛与溪流边，不择土壤，但肥沃湿润土壤中生长更好。

繁殖栽培：播种或分株繁殖，宜春季进行。光照充足环境下给予充足的水分，干旱环境下应遮阳。湿润环境下易自播，多余幼苗需拔除。

用途：在园区中用途广泛，可孤植、丛植、片植，或配植花境。花序富有趣味，可用于鲜切花或干花。

参考种植密度：6~9 株/m²。

九、禾本科蒲苇属

蒲苇（*Conaderia selloana*）

形态特征：多年生草本，雌雄异株。暖季型，丛生。秆高大粗壮，高 2~3m。叶片质硬、狭窄，簇生于秆基，长 2~3m，边缘锯齿状，粗糙。圆锥花序，庞大稠密，长 50~100cm，银白色至粉红色；雌花序较宽大，雄花序较狭窄；花期 8~10 月。

生态习性：自然分布于美洲，我国引种栽培供观赏，上海、南京一带应用广泛。阳生，喜肥，耐湿、耐旱，耐寒性较差，北京地区不能自然越冬。

繁殖栽培：播种或分株繁殖，宜春季进行。实生苗当年不能开花。北方地区冬季需移入温室。

用途：植株高大挺拔，花序大而美丽，初展时闪耀着银色光芒，壮观而雅致。宜应用于滨水，或在庭院、花园中种植。花序可作插花材料，最好在花序即将完全开放时剪下，剪下后花序可继续展开，同时可减少小穗脱落。

参考种植密度：4 株/m²。

十、禾本科香茅属

柠檬草（*Cymbopogon citratus*）

形态特征：多年生草本。暖季型，丛生，茎叶具柠檬香味，秆粗壮，节下被白色蜡粉。株高 60~90cm。叶片长 30~90cm，宽 10~25mm，顶端长渐尖。假圆锥花序，具多次复合分枝，长约 50cm，疏散，分枝细长，顶端下垂，花果期夏季，鲜见开花。

分布习性：原生于印度南部与斯里兰卡。我国广东西、海南、台湾栽培，广泛种植于热带地区，印度群岛与非洲东部也有栽培。阳生植物，耐轻度遮阳，喜肥。

繁殖栽培：分株繁殖。温带地区难以露地越冬，冬季需移进温室。

用途：叶形优美，植株整齐，可观。可植于庭院、花园，取其香味。也是很好的盆栽植物。

参考种植密度：6~9 株/m²

十一、禾本科发草属

发草（*Deschampsia caespitosa*）

形态特征：多年生草本。冷季型，密簇丛生。营养体株高约 40cm，花期株高 1m 左右，冠幅 40cm。叶片狭细，深绿色，早春即开始生长。圆锥花序开展，长 20～25cm，突出于叶丛以上，淡绿色，后期变为棕黄色。花期 5～6 月。

分布习性：本种广布于欧、亚、北美的温带地区。种下有许多变种和亚种，具有不同的叶、花形态。耐轻度干旱，不耐涝。全日照或轻度阴蔽下长势最好。

繁殖栽培：分株繁殖，春、秋季节均可进行。高温环境中，给予适当遮阳和充足供水，可减轻休眠症状。

用途：整洁、纤细、深绿色的叶片形成繁密、圆满的株形，花序整齐一致，突出株丛，群体效果显著，适宜成片种植或作为镶边植物，亦可盆栽观赏。

参考种植密度：9～16 株/m²。

十二、禾本科画眉草属

（一）知风草（*Eragrostis ferruginea*）

形态特征：多年生草本，丛生。株高 60～110cm，冠幅 80～100cm。叶片绿色，长 40～50cm，宽 3～6mm，上部超出花序。圆锥花序，大而开展，长可达 45cm，宽 16cm，分枝繁密，斜上生长，花序长度约占整个植株高度的 2/3。颖果棕红色，长约 1.5mm。花果期 6～10 月。

生态习性：分布于中国、朝鲜、日本、东南亚等地，我国南北各地均有。生于路边、山坡草地。喜光，耐旱、耐寒、耐贫瘠。

繁殖栽培：播种或分株繁殖，宜春季进行。

用途：花期景观效果好，繁密的花序，白色的小花星星点点，具朦胧美感，与颜色亮丽的花卉配植，有插花效果。孤植、列植均宜。根系发达，具有很强的固土护坡能力，可用于坡地的水土保持。

参考种植密度：6～9 株/m²。

（二）丽色画眉（*Eragrostis spectabilis*）

形态特征：多年生草本，暖季型，丛生。须根发达，无明显主根。地下茎节间较短，节上萌生新芽。秆斜向上生长，株高 40～60cm。叶片深绿色、质硬、粗糙，宽约 9mm。圆锥花序，尖塔形，开展；小花紫色，花序轴淡紫色或绿色；小穗紫色具短柄，有数朵小花，小花覆瓦状排列。颖果，红褐色，粒小。花果期 8～10 月。

生态习性：原产于北美洲，我国引种栽培。自然生长于沙质土，耐贫瘠。喜光，耐轻度遮阳。耐旱、耐寒、耐盐碱。种子易自播。

繁殖栽培：播种或分株繁殖，宜春季进行。长势强健，不需特别管护。在扰动严重的环境中有入侵风险，可在开花后、种子成熟前剪除花序。

用途：优良的地被植物。花序繁密，开花时如一片紫红色的云霞笼罩在叶丛上方，近看每株植株犹如一捧丰满的插花作品。采用对比色的花卉如银色、黄色，与之配植，观赏效果更好。

参考种植密度：9～16 株/m²。

十三、禾本科羊茅属

蓝羊茅（*Festuca glauca*）

形态特征：多年生草本，冷季型，丛生。叶片密集簇生，形成 20～40cm 高的株丛，冠幅约40cm。叶片内卷成针状，蓝绿色，春秋季为蓝色。圆锥花序，长5～10cm，初为浅绿色，后变为棕褐色，花期5～6月。

生态习性：原产于法国南部。中性或弱酸性疏松土壤长势最好。全日照或轻度阴蔽下长势旺盛。耐旱，不耐积水，高温高湿的夏季休眠。

繁殖栽培：原种可播种繁殖，园艺品种需分株繁殖以保持品种特性。应该种植在光照充足、排水良好的地方，过度施肥会产生危害。老株易发生空心现象，栽植几年后需分株更新。修剪有利于保持生命力，宜在冬末春初进行。

用途：观赏价值主要体现在蓝色的叶片。因为蓝色属于冷色调，与白色植物配植可以加强冷调，而与红色、黄色或棕色的植物配合在一起则增加温暖的感觉。园区中成片种植或用作镶边植物，在花坛或花境配植中可发挥独特的作用。优良的盆栽观赏植物，可单独栽植或与其他植物组合。

参考种植密度：9～16株/m²。

十四、禾本科兔尾草属

兔尾草（*Lagurus ovatus*）

形态特征：一、二年生草本，丛生。株高30～60cm。叶长面窄，扁平，灰绿色。圆锥花序，卵形，小穗多，花白色，雄蕊金黄色，花穗被有柔软细毛，形似兔子尾巴，花期4～5月。颖果，具8～20mm芒。

生态习性：原产于地中海沿岸。耐寒、耐热、耐贫瘠土壤。

繁殖栽培：主要采用播种繁殖，可快速自播繁殖，适宜秋季（9～10月）播种。

用途：可加工成干花，亦可用于装点庭院，具有很高的园林观赏价值。可片植，用作花境、花坛点缀材料，适宜露地栽培。

参考种植密度：16～20株/m²。

十五、禾本科芒属

（一）五节芒（*Miscanthus floridulus*）

形态特征：多年生草本，暖季型，常绿，散生。具发达根状茎，秆高大，高2～4m，无毛，节下具白粉。叶片绿色，披针状线形，长25～60cm，白色中脉粗壮隆起，边缘粗糙。圆锥花序，大型，直立、开展、繁密，长30～50cm；主轴粗壮，延伸至花序的2/3以上，分枝细弱；花序初绽时粉色，干枯后淡黄色。花果期5～10月。

生态习性：主要分布于亚太地区，产于我国江苏、浙江、福建、台湾、广东、海南、广西等地。生长于低海拔撂荒地与丘陵潮湿谷地、山坡或草地。喜光，土壤适应广，不耐寒。

繁殖栽培：春季播种或分株繁殖。全光照下生长健壮，不宜遮阳。

用途：应用于南方地区。植株高大，可作为背景或屏障植物。适宜在开阔的场地片植，营造大景观。花序可作花材。

参考种植密度：20～30株/m²。

（二）芒（*Miscanthus sinensis*）

形态特征：多年生草本，暖季型，丛生。株高1～2m，冠幅1m有余。叶片绿色，线形，长20～50cm，白色中脉明显。圆锥花序，直立、开展、繁密，长15～40cm；主轴延伸至花序的中部以下，有分枝；花序初绽时淡红色，干枯时变为银白色；花期8~10月。

生态习性：主要分布于亚洲，遍布于我国各地。生长于海拔1 800m以下的山地、丘陵和荒坡原野，常组成优势群落。喜光，耐旱、耐短期浅水，沙质至黏质土壤均可生长。

繁殖栽培：春季播种或分株繁殖，或秋季茎秆扦插繁殖；园艺品种必须分株或扦插，以维持品种特性。全光照下生长健壮，不宜遮阳。在热量充足、气候湿润的地区容易自播繁殖，具有生物入侵风险，引种栽培时需注意。

用途：芒的原种开发应用尚少，但其诸多品种具有各种各样的叶色、株形、花序、姿态等观赏特性，在园区中应用广泛，孤植、丛植、列植均可。既可以应用于公共绿地装点人们生活的大环境，也适宜园区、庭院、私家花园等相对封闭的小空间，小巧清雅的品种用于家庭园艺，也颇能为居室添彩。

常见品种：据不完全统计，芒有80多个品种。植株大小、高度、质地、叶片颜色、花期、花序颜色、耐寒性为品种鉴别特征。芒以较多的异色叶品种著称，包括纵状纹的花叶和横状斑式灵叶两类。因为很多品种在寒冷的气候条件下不能抽穗形成花序，或者花序不美观，园艺学家们培育出一些专门用于鲜花的品种。

参考种植密度：4~6株/m²。

（三）荻 [*Miscanths sacchari flora*（*Triarrhena sacchari flora*）]

形态特征：多年生草本，暖季型，散生。具发达被鳞片的长匍匐根状茎，节处生有粗根与幼芽。秆直立，高1.5~3m。叶片扁平，宽线形，中脉白色、粗壮。圆锥花序，疏展成伞房状，长可达36cm，宽约10cm，花期9~10月。

生态习性：分布于我国东北、华北、西北地区。生长于山坡草地和平原岗地、河岸湿地。阳生，耐旱也耐水湿，耐瘠薄土壤。

繁殖栽培：取根状茎分株繁殖。因其散生习性，容器苗培育困难，宜于春季进行，埋植根状茎或移栽幼芽。

用途：可浅水生长，为良好的滨水植物。秋季赏其银白色花序，有"枫叶荻花秋瑟瑟"之意境。

参考种植密度：30~40株/m²。

十六、禾本科黍属

'重金属'柳枝稷（*Panicum virgatum* 'Heavymetal'）

形态特征：多年生草本，暖季型，丛生。秆直立，质较坚硬，高1.5m（花期），竖向感强。叶片线形，蓝绿色，向上生长。圆锥花序，开展，长20~30cm。花果期7~10月。

生态习性：柳枝稷原种自然分布于北美，生长于草地、荒坡、开阔的林地以及盐沼等。喜光，耐旱，耐积水与短期水淹。适应沙质至黏质各种土壤。

繁殖栽培：分株繁殖，以保持品种特性。为保证春季的观赏效果，冬末春初齐地修剪植株，使新芽整齐。

用途：植株大小得宜，株丛紧密，在园区中应用方便。可孤植或盆栽观赏，也可丛植、片植，或列植用作分界或屏障。茎秆可保留到冬季，既有景观效果，又可为野生动物提供栖息环境。

参考种植密度：9~16株/m²。

十七、禾本科乱子草属

毛芒乱子草（Muhlenbergia capillaris）

形态特征：多年生草本，暖季型，丛生。株高1m（含花序）。叶片基生，深绿色，光亮。圆锥花序，庞大、繁密，初绽时粉色至粉红色，干枯时淡米色。花果期9~11月。

生态习性：自然分布于北美洲。生长于草地、荒原或开阔林地的沙砾土中。喜光，耐旱，不耐寒。

繁殖栽培：播种或分株繁殖，宜春季进行。不宜遮阳，北京地区不能自然越冬，需移进温室保护。

用途：单株即有良好的景观，可孤植或盆栽观赏；三五株丛植或片植更能获得梦幻般的效果，盛开时如云霞一般。

参考种植密度：9~16株/m²。

十八、禾本科狼尾草属

（一）狼尾草（Pennisetum alopecuroides）

形态特征：多年生草本，暖季型，丛生。须根较粗壮，秆直立，高50~160cm。叶片线形，长可达80cm，宽3~8mm，弧形弯曲。圆锥花序，穗状，长可达25cm，刚毛初为淡绿色，盛开时紫色至白色（园区中多用刚毛紫色类型），观赏价值高。颖果长圆形，长约3.5mm。花果期7~10月。

生态习性：我国自东北、华北、华东、中南及西南各地均有分布。多生于田岸、荒地、道旁及山坡上。喜光，耐旱，耐短时水淹，耐盐碱。对土壤适应性强，耐贫瘠。

繁殖栽培：实生苗性状有变异，应分株繁殖，宜春季进行。栽培容易，每年春季萌芽前剪除枯死茎叶，种植成活后一般不需其他养护。种子有自播习性，为避免其自我繁殖，可在种子成熟前剪除果序。如果在抽穗前进行一次修剪，可将花期调整到9月。

用途：狼尾草的花序繁密、整齐，突出于叶丛之上，形如喷泉，盛花期时很容易成为视觉焦点。小空间宜丛植，或盆栽观赏；大空间可片植，景象壮观。适合与其他观赏草和花卉配植，组成花坛或花境。生态适应性强，根系发达，叶丛密实，完全覆盖地面，是良好的水土保持植物，可用于边坡防护。花序可用作鲜切花。

参考种植密度：6~9株/m²。

（二）紫御谷（Pennisetum glaucum 'Purple majesty'）

形态特征：一年生草本，暖季型，丛生。株高1.2~1.5m。叶片宽条形，叶暗绿色并带紫色。圆锥花序，紧密呈柱状，主轴硬直，密被茸毛，小穗倒卵形，每小穗有2朵小花，刚毛状小枝常呈紫色。颖果棕褐色，倒卵形。花果期7~10月。

生态习性：原产于非洲，我国引种栽培，北京、河北、安徽、重庆、广东等地有栽植。喜光，轻度遮阴环境下也可正常生长，耐干旱，较耐贫瘠。

繁殖栽培：一般采用播种繁殖、直播或育苗移栽。春季进行播种，花期为夏季。

用途：因其外形类似于我国栽种的谷子，别名"观赏谷子""珍珠粟"或"蜡烛稗"。茎秆、叶片幼嫩时麦绿色，之后逐渐变紫红、紫黑色，花序顶生呈香蒲状，是新型的观叶型植物。适合园区、绿地的路边、水岸边、山石边或墙垣边片植观赏，或者用于花境背景及园区镶边，也可用做插花材料。

参考种植密度：9～16 株/m²。

(三) 东方狼尾草 (*Pennisetum orientale*)

形态特征：多年生草本，暖季型，丛生。株高 40～60cm。叶片绿色至灰绿色。圆锥花序，穗状，粉白色，花期 6～10 月。

生态习性：自然分布于亚洲中部、西南部至印度西北部，生长于山坡、草地。喜光、温暖地区，耐适度遮阳，夏季受光不足可能影响越冬。耐旱，不耐积水，要求排水良好的土壤条件。

繁殖栽培：分株繁殖困难，播种繁殖，宜春季进行。植株生长缓慢，园区中较大规格的种苗应用最好。种子很少自播，无扩散风险。

用途：株形与花序均较狼尾草松散。优点为花期长，6～9 月持续有花序抽出。可孤植或盆栽观赏，适宜丛植、片植，或配植花坛、花境。

参考种植密度：9～16 株/m²。

(四) 羽绒狼尾草 (*Penisetum setaceum*)

形态特征：多年生草本，暖季型，丛生。株高约 1.6m（含花序）。叶片狭长，绿色，弧形下垂。圆锥花序，穗状，粉红色，长约 38cm，花期 7～9 月。

生态习性：自然分布于热带地区，如非洲、亚洲西南部以及阿拉伯半岛。喜光，温暖地区可自播，可能逃逸，成为归化植物。

繁殖栽培：播种繁殖，冬季在温室进行。给予全光照条件，不宜过多肥水，以防止倒伏。华北地区不能自然越冬。

用途：较狼尾草株形更整齐，高而挺直，多作一年生植物栽培。孤植、丛植、列植、片植均适宜，或配植花坛、花境。花序为优良的鲜切花。

参考种植密度：6～9 株/m²。

(五) 绒毛狼尾草 (*Pennisetum villosum*)

形态特征：多年生草本，暖季型，丛生。株形较松散，茎叶横向扩展，覆盖地面，株高 80cm。叶片狭长。花序几乎纯白色，短粗、丰满、圆润，长约 12cm，花期 6～10 月。

生态习性：自然分布于热带地区，如非洲东北部的山上。喜光，适度湿润条件下长势好。不耐寒，华北地区不能自然越冬。

繁殖栽培：播种、分株繁殖均可，可于冬季后期在温室进行。

用途：北方地区作一年生植物栽培。小片种植景观效果好，亦可盆栽观赏。花序为良好的鲜切花材料。

参考种植密度：6～9 株/m²。

(六) '王子' 狼尾草 (*Pennisetum purpureum* 'Prince')

形态特征：多年生草本，暖季型，丛生。生长迅速，当年株高可达 2m。叶片紫色，带些许绿色，从紫色的茎秆上生出，弧形下垂。圆锥花序，紫色，长约 15cm。

生态习性：原产于南非。喜光，耐旱，不耐寒，温带地区不产生花序，我国大部分地区不能自然越冬。

繁殖栽培：分株繁殖，冬季后期在温室进行。

用途：常作一年生植物栽培。宜于墙角种植，或用作背景、屏障植物。

参考种植密度：4 株/m²。

十九、禾本科虉草属

虉草（*Phalaris arundinacea*）

形态特征：多年生草本，冷季型，散生。具横走根状茎。秆通常单生或少数丛生，高60～140cm，有6～8节，叶片绿色，扁平。圆锥花序，紧密、狭窄，长8～15cm。花果期6～8月。

生态习性：自然分布于欧亚大陆和北美地区，我国南北各地广泛分布。通常生长于潮湿的林下、沼泽与水边。不同来源的种质可能为不同的基因型，从而具有不同的生态习性。

繁殖栽培：播种或分株繁殖，分株可于春秋季进行。栽植时需做地下防护或定期清理，以防止地下根茎过度扩展。

用途：叶片干净清新，但不足以引人注目，适宜建植湿地，或用于生态治理，防止土壤侵蚀。

参考种植密度：50～60 株/m^2。

园区中应用的主要为虉草的花叶品种，它们在春秋季景观效果突出，在炎热的夏季休眠。冷凉气候下宜给予全光照，在炎热地区最好适度遮阳。花序不美观，最好剪除。

二十、禾本科芦苇属

芦苇（*Phragmites australis*）

形态特征：多年生草本，暖季型，散生。根状茎发达。秆直立，高1～3m，直径1～4cm，具20多节。叶片灰绿色，披针状线形，长30cm，宽2～5cm，无毛，顶端长、渐尖成丝形。圆锥花序，大型，长20～40cm，宽约10cm，具多数分枝，初开时棕黄色至紫红色，干枯时呈银白色。颖果，长约1.5mm。花果期秋季。

生态习性：除南极洲外，各大洲均有自然分布，我国各地广泛分布。生长于江河湖泽、池塘沟渠沿岸及低湿地。除森林环境不生长外，各种有水源的空旷地带，常以迅速扩展的繁殖能力，形成连片的芦苇群落。喜光，喜水湿，也耐旱、耐热、耐寒。

繁殖栽培：播种或分株繁殖。不同种源可能具有不同的基因型，从而具有不同的适应能力，应用时应选用本地种源的种苗，以防止生物入侵。

用途：多片植，营造滨水景观。

参考种植密度：30～40 株/m^2。

二十一、禾本科糖蜜草属

'萨凡纳'糖蜜草（*Melinis nerviglumis* 'Savannah'）

形态特征：多年生草本，暖季型，丛生。茎叶密集，呈30～60cm高株丛。叶片蓝绿色，纵向翻卷，狭细。圆锥花序，粉红色至淡紫色，丰满、蓬松，长约20cm，花期6～10月。

生态习性：原产于非洲。喜光，喜排水良好的沙质壤土，耐旱，不耐寒，温带地区多不能自然越冬。

繁殖栽培：播种或分株繁殖，通常温室内播种，天气温暖后移到室外。可将植株移到温室内越冬。

用途：花、叶、株形俱美，适宜作花坛和花境植物，盆栽观赏价值高。花序可作鲜切花或干花。

参考种植密度：9~16 株/m²。

二十二、禾本科狗尾草属

棕叶狗尾草（*Setaria palmifolia*）

形态特征：多年生草本，暖季型，丛生。具短根茎。秆直立或基部稍膝曲，高 0.75~2m。叶片纺锤状披针形，具纵深皱折，长 20~59cm，宽 2~7cm，先端渐尖，基部窄缩呈柄状。圆锥花序，主轴延伸长，呈开展或稍狭窄的塔形，长 20~60cm，宽 2~10cm。花果期 8~12 月。

生态习性：原产于亚洲的热带和亚热带地区，我国南方各地常见分布。生长于山坡或谷地林下阴湿处。性喜温暖湿润的气候，耐旱，不耐寒，4℃以下不能顺利越冬。

繁殖栽培：播种或分株繁殖。种子发芽率低，当年实生苗生长缓慢。

用途：繁茂宽大的叶片具有观赏价值，覆地效果好，单株或丛植均很适宜，适宜盆栽观赏。因其根系发达，具有强大的固土保水能力，是优良的水土保持植物。

参考种植密度：6~9 株/m²。

二十三、禾本科大油芒属

大油芒（*Spodiopogon sibiricus*）

形态特征：多年生草本，暖季型，丛生。具根状茎。株高 70~180cm，高大挺拔。叶片绿色，线状披针形，长 15~40cm，宽 8~15mm，顶端长渐尖，基部渐狭，白色的中脉粗壮隆起。圆锥花序，长 10~20cm，浅绿色微带紫色，干枯时变为黄褐色。花果期 7~10 月。不同种源具有较大的形态差异。

生态习性：广布于我国的温带地区，华北地区最为普遍。生长于山坡、林下、林缘。全光照至部分遮阳下生长良好，耐旱，耐寒，土壤适应性广。

繁殖栽培：播种或分株繁殖。长势强健，无需特别管理。

用途：丰满整齐的株形为主要观赏特性，秋季叶片常变为紫色。适宜孤植、丛植，为良好的背景和屏障植物。

参考种植密度：6~9 株/m²。

二十四、禾本科针茅属

（一）长芒草（*Stipa bungeana*）

形态特征：多年生草本，冷季型，丛生。秆基部膝曲，高 20~60cm。叶片纵卷似针状，长约 20cm。圆锥花序为顶生叶鞘所包，成熟后渐抽出，长约 20cm。芒两回膝曲扭转，有光泽，长 5~8cm。花果期 4~6 月。

生态习性：分布于华北、西北、西藏等地，自然生长于温带地区的草甸和山坡上。喜光，耐旱，黏土、壤土、轻质沙土都可正常生长，耐贫瘠。

繁殖栽培：播种或分株。分株的最佳时间为 3 月中旬萌芽前后，其次为 6 月下旬果序枯黄后，夏季亦可。

用途：主要作为地被植物应用于庭院、公共绿地等园区环境绿化以及生态恢复土地。用于花坛、花境的前景或镶边位置，花期赏花，平时亦可观赏。花序飘逸柔美，花期恰逢劳动节，可用于美化、布置节日环境。

参考种植密度：12～16 株/m²。

(二) 线叶针茅 (*Stipa barbata*)

形态特征：多年生草本，丛生。株高 60～80cm，茎叶纤细。圆锥花序开展，长约 38cm，芒长 19cm，随风飘舞，盛花时植株如银色的喷泉，引人注目，花期 7～8 月。

生态习性：原产于欧洲南部。喜阳光充足，耐旱，适宜排水良好的土壤，不耐寒。

繁殖栽培：播种繁殖。

用途：主要观赏期为夏季，观其花序。北方地区作一年生植物栽培。适宜在花园或庭院中孤植、丛植，与其他植物配植组成花境。留意时空安排，为其花期留出空间，欣赏其喷泉状的株形。

参考种植密度：9～16 株/m²。

(三) 细茎针茅 [*Stipa tenuissima* (*Nassella tenuissima*)]

形态特征：多年生草本，冷季型，密簇丛生。茎秆直立，株高 50cm。叶片黄绿色，纵卷如发。圆锥花序，长约 30cm，芒长 10～15cm，初为浅绿色，后变为黄褐色，干枯不收缩。花果期 5～8 月。

生态习性：自然分布于北美洲南部至南美洲地区，生长于干旱开阔的草地、林地与山坡上。喜光，耐轻度遮阳，耐旱性强，喜排水良好的土壤。炎热季节休眠。

繁殖栽培：播种、分株繁殖。适宜春秋季栽植。

用途：茎叶柔美细腻，花序蓬松闪亮，是质感最好的观赏草之一。丛植、片植、盆栽观赏皆宜。与岩石或粗线条的植物相配，对比鲜明。叶、花均可用作花材。

参考种植密度：16～25 株/m²。

第三节　观赏草配植技术

观赏草的茎秆、叶丛、花序都具有观赏价值，形态优美、色彩丰富，巧妙结合观赏草的基本特点及形态，将它们充分运用到休闲农业园区景观营造中可以起到意想不到的效果。

一、观赏草的主要种植形式

(一) 孤植

由于观赏草自身在高度、花序、色彩及质感上存在与众不同的特质，挑选株型圆整或色彩特殊的品种，最好不要选择那种蔓延型的丛生观赏草，就可以创造出景观焦点。如佛子茅、蒲苇是适合大空间种植的孤植型观赏草；狼尾草则适合在小空间种植。

(二) 列植

列植会产生强烈的透视效应，观赏草采用列植形式可以加强场地的线性，其灵动的特性有助于缓和序列带来的机械感。如高大观赏草列植后，景深感十足；将中等狼尾草列植会产生富有透视感的空间；低矮性观赏草列植有利于形成大地艺术般的趣味效果。除了平面构图外，也可以将这种造景方式向垂直空间延展，丰富立面景观空间，形成层层叠叠的立体形象。对于存在高差的地形，这种处理方式不失为一种好选择。

（三）片植

观赏草其自身的野趣横生，更容易打造出荒野开阔的景观。在高速公路旁种植蔓生观赏草，就能够简单快速地烘托出诗意般的氛围。

二、观赏草与其他植物配植

（一）与花卉配植

观赏草具有狭长的线形叶片及舒展的株型，与花卉宽大的叶片及紧凑的株型形成鲜明对比；观赏草以绿色为主，彰显简朴自然，而花卉艳丽娇柔。因此，观赏草与花卉配植，可以在形态、色彩上相互衬托，营造简朴又不失丰富的景观效果。花卉盛开时鲜艳夺目，花谢后就显得格外萧条。与之相比，观赏草持久的观赏性，具有全年观赏效果，能大大延长园区的观赏时间。

晨光芒与月季、牡丹、菊科花卉配植，优雅的叶片和活泼的株型，让花朵的鲜艳更凸显。作为背景观赏草的芦竹，叶色深绿，株高可达4m，适合与许多较为高大的花卉配植。应用最为广泛的狼尾草，不论与何种花卉配植，都能形成鲜明对比。

（二）与灌木配植

生长迅速的观赏草，在较短时间内就可达到一定高度，因此与灌木配植，容易产生坚实挺拔的观赏效果。

色彩鲜艳的红瑞木与晨光芒，刚柔并济，颜色互补，可以使景观显得更加和谐；株型纤细向上生长的佛子茅属草种与株型平展的小檗，使整个构图显得更加饱满；芦竹与月季的配植，观赏性让人心旷神怡。

（三）多种观赏草相互配植

观赏草种类繁多，却又各具特色，如果能够将这些品种融合一起，效果不会比与其他植物配植逊色。

在澳大利亚墨尔本的城市花园中，就有充分利用各种观赏草建造出舒适宜人的花园景观。加拿大的范度森植物园里，观赏草也随处可见，野趣横生。

（四）与景观元素搭配

1. 与自然景观元素搭配 除了与植物配植外，也可以将景观元素引入，与观赏草相得益彰。铺装上，往往与沙石配合，凸显自然古朴的质感；木质座椅边搭配观赏草，让人感到亲切温暖；在水池边种植，不仅倒映出蓝天白云，且使观赏草曼妙的姿态尽现。另外，也可配合户外光线变化，运用剪影形成细腻的微型景观。

2. 与建筑、小品搭配 如果想把人工与自然的对比发挥极致，可以将观赏草与非生命景观元素进行结合，产生戏剧性效果，别具韵味。许多景观设计师十分强调将观赏草在线条、体量、色彩与质感上的特色，与建筑、小品形成反差，达到让人难以忘怀的效果。

3. 与移动容器搭配 盆栽般的效果，运用观赏草同样可以轻松达到。而且管理方便、移动便捷、越冬管理容易。对于布置临时场合或者自家阳台、屋顶花园等，效果显著，同时也能对观赏草容易蔓生的特色进行很好的生长限制。

三、观赏草在滨水景观中的应用

观赏草可应用于池塘、溪流等水体及其驳岸的绿化中。要使整个园区色彩丰富，充满野趣，关键在于选择适合种植在水、陆过渡带或池塘边缘的观赏草。通过利用不同高度、质地和色彩的观赏草，与其他植物巧妙配植，可以在水景园中发挥巨大作用。观赏草在滨水景观中的应用形式如下。

（一）水边植物

水边植物的作用，主要在于丰富岸边景观视线，增加水面层次，突出自然野趣。水边植物的根颈无需浸泡在水中，但根系周围的水分非常充足，适宜这种环境的观赏草种类很多，在其他地方种植的植物均可在水景周边种植。通常选用株型优美、花序秀丽的高型观赏草孤植或丛植于水体周边节点处，根据节点性质、地位及功能作点缀或标志。

常用水边植物如蒲苇、斑叶芒、细叶芒、紫田根、荻等。

（二）驳岸植物

水体的驳岸是水陆交替的过渡地带，园区水体的驳岸形式大体可分为硬质驳岸和模仿自然水体景观所营造的驳岸状态，观赏草在这两种形态的景观中都是不可或缺的组成部分。

硬质驳岸线条生硬、枯燥，观赏草的线形叶片可以柔化岸线，打破池岸僵硬的线条，使水体和周边景物过渡自然，充满自然的韵味。而在形式多样的自然驳岸种植观赏草，其种类的选用及种植面积的大小视驳岸性质、风格而异，结合道路、岸线、地形布局，做到疏密有致、有断有续。

驳岸植物一般选择中高型的耐水湿观赏草，除了能够增加水景趣味、满足景观上的需要外，还能降低水流对驳岸的冲刷力，其强大的匍匐根茎，可以牢牢地"抓住"岸线的土壤，大大降低岸线部分的土壤流失。

常用驳岸植物如花叶芒、石菖蒲、狼尾草、小兔子狼尾草、血草、沿阶草等。

（三）水面植物

水生观赏草属于挺水植物，形态多样，以直立状、丛生状为主。休闲农业园区水体一般位于平坦开阔地区，静静的水面自然而然形成了强烈的水平景观。因此，沿岸边种植纵向生长势强的植物是非常理想的选择。平直的水面通过配植各种直立状的观赏草，可以丰富水体立面景观，增添野趣。水生观赏草还可弱化水面和周边草坪的突然过渡，大大加强水面纵深的感觉。在岸边以种类繁多的水生观赏草与其他水生、湿生植物进行合理配植同样能够取得非常良好的景观效果。许多水生植物具有坚挺宽大的叶片，这些植物与叶片柔软细致的观赏草配置在一起会相得益彰，非常美丽。

需要注意的是水面植物与水面面积的比例是水面植物景观设计的关键，通常至少需留出2/3的水面面积供欣赏植物的倒影。因此，在种植芦苇这类依靠根状茎繁殖的观赏草时，要设计挡板或限定其种植范围，以免植物迅速繁殖拥塞水面，影响景观。

常用水面植物如水葱、花叶水葱、旱伞草、细叶莎草、花叶菖蒲、灯心草、芦竹、花叶芦竹、芦苇、香蒲、细叶香蒲、野茭白等。

休闲农业园区中有不同类型的水面，如湖、池、溪涧等。不同水面的水深、面积及形状不同，植物配植时要符合水体生态环境的要求，选择相应的观赏草和种植方式。

1. 湖 湖是园区中最常见的水体景观，水域面积较大，以静水面为主。植物的选择要注意其姿态与体量，通常宜选择高型的观赏草，成片、成带栽植来营造一定的气氛，表现某一风格或体现某一季的景色。

以北京植物园为例，湖面辽阔，视野宽广，沿湖成片栽植香蒲，春季色彩翠绿可人，秋季金黄，植株随风摇曳，充满动感。也可以采用两种或两种以上的观赏草种类做有规律的交替变换，体现韵律，形成连续的动态构图。

2. 池 在较小的园区中，水体的形式常以池为主。池边植物宜选用姿态、色彩较好的植物，精心搭配，使整个空间"小中见大"。

水中植物需选择色彩及大小、体量相宜的种类，常利用中高型的观赏草来分割水面空间，增加层次，同时也可以创造活泼而宁静的景观，也可沿池塘边缘种植观赏草以形成人工界线。在池岸边种植观赏草时，还可将池岸边缘隆起，使植物的根部获得充足的水分，为多种观赏草提供理想的生长条件，局部再现水生植物的群落景观。

3. 溪涧 溪涧最能体现山林野趣。溪涧周边种植观赏草，极具自然野趣。溪涧一般较窄，植物选择以灯心草、木贼、狼尾草等中小型观赏草为主，组景时应因形就势，在溪涧石隙旁或丛植，或散植，与水体共同构成自然而生动的景观。

4. 湿地 观赏草姿态优雅，富于野趣，对立地条件有很强的生态适应性，在湿地中合理应用，有利于营造健康稳定的植物群落，创造出自然、优美、和谐的园区空间。

植物选择以芦苇、芦竹、蒲苇、香蒲等生态适应性强、观赏价值高、乡土气息浓厚的种类为主；种植方式可综合应用点植、片植、对植、丛植、群植、孤植和混交等手法，同其他水生植物合理配植，构建稳定的水生植物团，以发挥最大的生态效益。

以西溪湿地植物选择为例。西溪湿地在充分尊重原有地形、地貌和植被的基础上，选用大量的芦苇、荻、香蒲等乡土草本并结合桑、竹、柳、樟等乡土树种进行植被恢复，体现生物多样性，突出自身的植物景观特色。目前芦苇、荻、香蒲已颇具种植规模和景观特色，充分再现了"芦白柿红，桑青水碧"的天堂景象。在此基础上，西溪湿地又引种狼尾草、蒲苇、水葱等富有野趣的观赏草和其他地被植物、水生花卉，丰富了西溪的植物景观。种植形式采用了大量片植、沿岸列植和点植相结合的方式，充分体现了西溪湿地大范围景观的粗犷，并能透出局部景观的景致。

【思考题】
1. 观赏草如何定义，草坪属于观赏草吗？
2. 观赏草如何分类？
3. 常见观赏草的繁殖方式有哪些？
4. 利用网络搜集书中所列举观赏草的图片，对比其形态特征的差异。

参考文献

陈学珍，赵波，谢皓，2010. 观光农作物 [M]. 北京：气象出版社.
成善汉，周开兵，2007. 观光园艺 [M]. 合肥：中国科学技术大学出版社.
程智慧，2016. 园艺概论 [M]. 北京：科学出版社.
崔大方，2011. 园艺植物分类学 [M]. 北京：中国农业大学出版社.
董晓华，2013. 园林植物配置与造景 [M]. 北京：中国建材工业出版社.
范双喜，李光晨，2007. 园艺植物栽培学 [M]. 北京：中国农业大学出版社.
郭凤领，邱正明，2016. 蔬菜高效茬口模式 [M]. 武汉：湖北科学技术出版社.
何志华，2014. 园艺学概论 [M]. 重庆：重庆大学出版社.
侯元凯，2017. 休闲农业怎么做 [M]. 武汉：华中科技大学出版社.
胡繁荣，2007. 园艺植物生产技术 [M]. 上海：上海交通大学出版社.
兰茜·J. 奥德诺，2004. 观赏草及其景观配置 [M]. 北京：中国林业出版社.
李卫琼，2013. 园艺植物栽培技术 [M]. 重庆：重庆大学出版社.
李振陆，2006. 植物生产环境 [M]. 北京：中国农业出版社.
乜兰春，申书兴，2015. 设施蔬菜周年高效生产模式与配套技术 [M]. 北京：金盾出版社.
唐义富，2013. 园艺植物识别与应用 [M]. 北京：中国农业大学出版社.
武菊英，2008. 观赏草及其在园林景观中的应用 [M]. 北京：中国林业出版社.
武俊英，严海欧，2017. 园艺植物生产环境 [M]. 北京：科学出版社.
肖雍琴，孙耀清，2016. 植物配置与造景 [M]. 北京：中国农业大学出版社.
袁小环，2015. 观赏草与景观 [M]. 北京：中国林业出版社.
张兆合，傅传臣，张凤祥，2011. 园艺植物栽培学 [M]. 北京：中国农业科学技术出版社.

图书在版编目（CIP）数据

休闲农业园区植物配植／许建民主编．—北京：中国农业出版社，2019.5
全国高等职业教育"十三五"规划教材．休闲农业系列教材
ISBN 978-7-109-24659-1

Ⅰ.①休… Ⅱ.①许… Ⅲ.①园林植物－高等职业教育－教材 Ⅳ.①S68

中国版本图书馆 CIP 数据核字（2018）第 221953 号

中国农业出版社出版
（北京市朝阳区麦子店街 18 号楼）
（邮政编码 100125）
总　策　划　颜景辰
责任编辑　王　斌
文字编辑　史佳丽

中农印务有限公司印刷　新华书店北京发行所发行
2019 年 5 月第 1 版　2019 年 5 月北京第 1 次印刷

开本：787mm×1092mm 1/16　印张：8.5
字数：195 千字
定价：28.00 元

（凡本版图书出现印刷、装订错误，请向出版社发行部调换）